中国杜仲

核心种质

杜红岩　杜庆鑫　刘攀峰　杜兰英　李洪果　等◎著

中国林业出版社
China Forestry Publishing House

图书在版编目（CIP）数据

中国杜仲核心种质 / 杜红岩等著. –– 北京：中国
林业出版社, 2023.8
ISBN 978–7–5219–2256–1

Ⅰ.①中… Ⅱ.①杜… Ⅲ.①杜仲—种质资源—中国
—图集 Ⅳ.①S567.024–64

中国国家版本馆CIP数据核字(2023)第129575号

策划、责任编辑：李敏
封面设计：北京八度出版服务机构
————————————————————

出版发行：中国林业出版社
　　（100009，北京市西城区刘海胡同 7 号，电话 010-83143575）
电子邮箱：cfphzbs@163.com
网址：www.forestry.gov.cn/lycb.html
印刷：河北京平诚乾印刷有限公司
版次：2023 年 8 月第 1 版
印次：2023 年 8 月第 1 次印刷
开本：889mm×1194mm　1/16
印张：21
字数：649 千字
定价：298.00 元

《中国杜仲核心种质》
编委会

主编简介

杜红岩，我国著名杜仲专家，农学博士，中国林业科学研究院经济林研究所原副所长、研究员、博士生导师。国家重点研发计划项目首席科学家，国家智库报告《杜仲产业绿皮书》第一主编，国家林业草原杜仲工程技术研究中心常务副主任，杜仲产业国家创新联盟副理事长兼秘书长，中国经济林协会杜仲分会理事长，中国林业产业联合会杜仲产业发展促进会副理事长。带领的杜仲团队入选首批"全国林草科技创新人才计划创新团队"。

从事杜仲育种、高效栽培与高值化利用技术研究37年，先后主持国家各级杜仲研究项目（课题）30余项，主持营建国内第一个国家杜仲种质资源库，收集杜仲种质资源2000余份，筛选核心种质318份，选育出杜仲果用、雄花用、叶用和果材药兼用良种33个，其中国审杜仲良种18个；主持完成世界上首个杜仲全基因组精细图绘制；首创杜仲果园化栽培、雄花园栽培、短周期叶用林高效栽培、果材药兼用国家储备林等多种栽培模式和系列技术，其中通过果园化高效栽培技术创新，杜仲果实和橡胶产量提高40倍；提出杜仲全树综合利用的新思路，首创杜仲雄花茶及其系列产品、杜仲 α－亚麻酸软胶囊等系列产品、杜仲功能饲料及其健康肉蛋产品、功能型食用菌等功能产品。荣获国家和省部级科技进步奖11项，获得国家发明专利20余项，发表学术论文200余篇，出版学术专著和《杜仲产业绿皮书》国家智库报告10部，主持制修订杜仲国家和林业行业标准10个。他的研究成果和先进事迹先后20余次在中央电视台、新华社、光明日报、科技日报、中国科学报、中国绿色时报等专题报道。先后荣获第六届中国林业青年科技奖、中国林业产业突出贡献奖、河南省优秀共产党员、中国林业产业诚信功勋人物、全国生态建设突出贡献奖先进个人、首届生态文明·绿色发展感动人物、中国林业科学研究院科技扶贫先进工作者等荣誉称号。享受国务院政府特殊津贴。

前言

　　杜仲为我国十分重要的国家战略资源树种,既是世界上极具发展潜力的优质天然橡胶资源,又是我国特有的名贵药材和木本油料树种,也是维护生态安全、增加碳汇、国家储备林建设、实现绿色养殖的重要树种,广泛应用于航空航天、国防、交通、电力、通信、化工、水利、医疗、体育、农林等领域。本书从我国杜仲的国家战略地位出发,论述了杜仲产业高质量发展的技术基础和科技支撑成效。我国科技工作者经过数十年不懈努力,定向选育出果用、雄花用、叶用和果材药兼用系列杜仲良种,为我国杜仲产业高质量发展提供了优质资源基础;创新了杜仲果园化栽培模式、杜仲雄花园、短周期叶用林、果材药兼用国家储备林栽培等新的栽培模式与技术,突破了杜仲资源高效栽培的技术瓶颈;杜仲橡胶绿色提纯及其在高性能轮胎、军事国防等领域的应用研究取得重要突破;以 α-亚麻酸软胶囊为代表的杜仲籽油产品、以杜仲雄花为原料生产的杜仲雄花茶等系列产品、以杜仲叶为原料研发的杜仲功能饲料及其畜禽健康产品、杜仲功能型食用菌等产品的研发与资源高效利用,使杜仲由单一药用迅速扩展到杜仲橡胶、木本油料等国家战略资源全面开发,杜仲产业链条进一步完善,杜仲综合效益显著提升,杜仲资源高值化利用技术有力支撑了产业发展。

　　多年来,国务院及有关部门从政策支撑角度大力支持杜仲产业发展。2010年,中国林业科学研究院和中国社会科学院紧密合作,承担国情调研杜仲重大项目,开展跨学科研究,开启了自然科学、社会科学与企业紧密合作的产业创新发展模式。2011—2017年,全国政协委员、中国社会科学院学部委员李景源就杜仲产业发展问题,连续向全国人大和政协提案。2014—2016年国家林业局专门组织3次杜仲产业调研。林业系统第一个以"皮书"形式连续发布的《杜仲产业绿皮书(2013)》《杜仲产业绿皮书(2014—2015)》《杜仲产业绿皮书(2016—2017)》,显著提升了杜仲产业的影响力,得到了国家有关部门的高度重视。2014年12月26日,国务院办公厅下发《关于加快木本油料产业发展的意见》,明确将杜仲列为重点支持的木本油料树种。2015年2月1日,中央一号文件,明确启动天然橡胶生产能力建设规划。2016年12月20日国家林业局发布《全国杜仲产业发展规划(2016—2030)》,这是"十二五"以来第一个以单个树种发布的产业发展规划。2017年5月22日国家发展和改革委员会、财政部、国家林业局等11部委联合发布《林业产业发展"十三五"规划》,"杜仲产业发展工程"被列为"十三五"全国林业产业重点建设工程。国家发展和改革委员会于2011年和2019年连续两次将"天然橡胶及杜仲种植生产"作为单独一条列为鼓励类产业目录。中华人民共和国国家卫生健康委员会于2018年将杜仲叶列为药食同源(食药物质)目录,开启了杜仲产业新的里程碑。在国家有关部门和地方政府大力支持下,杜仲栽培面积迅速扩大,杜仲产业基地建设发展势头良好。

　　但是,我国杜仲产业快速发展的同时,杜仲种质资源流失严重、良种储备严重不足等问题日益突出。我国杜仲栽培利用历史悠久,由于各地种质资源的长期频繁交换,杜仲在种质资源收集、保存、评价和鉴定上长期处于低效状态。已收集保存的种质资源存在种质不清和种质混杂等问题,严重制约了我国杜仲育种工作的进程。随着杜仲的引种栽培逐步向良种化方向发展,一些栽培表现普通的种质及群体面临淘汰和分布区进一步缩减甚至消失的压力，其中的遗传多样性可能随之消失。

针对我国杜仲种质资源保护与利用存在的突出问题，中国林业科学研究院经济林研究所经过30多年的系统研究，在我国杜仲分布区的28个省（自治区、直辖市）及美国、日本等国收集杜仲种质资源2000余份，包括变异类型、优树、特异种质、超级苗、优良无性系、良种、新品种等，在中国林业科学研究院经济林研究所原阳和孟州试验基地建立了国家杜仲种质资源库。2015—2021年，以收集的种质资源为试验材料，以有效保护和利用杜仲资源为目的，分析了杜仲群体的遗传多样性和遗传结构。以表型变异保存率和等位基因保存率最大化为原则，分别从表型和遗传两个方面构建杜仲的核心种质。从取样方法、取样比例、聚类方法和遗传距离四个层次，在表型水平上构建了杜仲核心种质；采用等位基因数目最大化策略在分子水平上构建了杜仲核心种质；整合了表型和分子标记构建的核心种质，共筛选杜仲核心种质318份，建立了杜仲种质的分子指纹图谱和二维码鉴别系统。

为有效保护和科学利用我国杜仲种质资源，推动我国杜仲产业可持续健康发展，作者及其杜仲团队编著了这本《中国杜仲核心种质》。这是作者及其团队全体研究人员长期系统开展杜仲研究的结晶，也是长期辛勤耕耘、坚持不懈、不断创新的重要成果。本专著共分3章，第1章简要介绍了我国杜仲种质资源及其收集保护情况、杜仲核心种质构建研究成果。第2章和第3章首次以图片的形式，全面系统介绍了杜仲基本核心种质、杜仲优良无性系、杜仲良种（新品种）等，每个核心种质均以图片形式展示叶、花、果、树形等特征。本专著共收录杜仲图片1600余幅，均是作者及其团队在长期进行种质资源研究过程中拍摄积累的图片资料，每张图片背后都凝结了杜仲团队长期辛勤工作付出的心血与汗水。希望这本《中国杜仲核心种质》的出版，能够为我国杜仲科研、教学等提供系统而直观的杜仲核心种质资料，从而有效保护我国珍贵的杜仲种质资源，推动我国长期育种工程及其产业可持续健康发展。这是作者编著本书的目的和愿望。

本专著得到国家重点研发计划项目（2017YFD0601300、2017YFD0600702）的大力支持。在专著的编写和出版过程中，中国农村技术开发中心、国家林业和草原局科学技术司、中国社会科学院、中国林业科学研究院经济林研究所、中国林业出版社、河南省林业技术工作总站、山东省林草种质资源中心、中霆农林科技有限公司、湖南九九慢城杜仲产业集团有限公司等均给予大力支持，在此一并表示感谢。

杜红岩

2023年2月18日于郑州

目 录

第 1 章

杜仲核心种质构建方法

1.1 概　述

植物种质资源是遗传改良的基因来源和物质基础，是物种对环境适应性进化的核心，确保遗传变异的持续存在和有效性，是可持续林业必不可少的组成部分。种质资源的收集、保存和研究，对选育高产、优质和高抗新品种具有重要意义，种质资源一旦丢失，其中的基因将很难被再造出来。袁隆平对"野败"的发现和应用，攻克了我国杂交水稻"三系配套"的技术难题，为超级稻的培育和研究奠定了基础。美国利用我国"北京小黑豆"中的抗病基因，挽救了其在玉米、大豆上的生产危机。因此，种质资源的保护和利用是育种和生物学研究工作的重中之重。

杜仲（*Eucommia ulmoides* Oliv.）又名思仲、思仙、木棉等，单科单属单种，雌雄异株，是我国特有的珍贵孑遗树种，被称为第四纪冰川"活化石"。

杜仲是十分重要的国家战略资源，全身是宝。作为名贵中药材和生命健康重要资源，在增强人体免疫力、抗病毒、降血压、降血脂、治疗心血管疾病、提高记忆力、预防老年痴呆症、延缓衰老、防辐射和防突变、预防心肌梗死和脑梗死、增强智力、抗菌消炎、抑制癌细胞发生和转移等多方面具有显著功效，是开发现代中药、保健品、功能食品等的优质原料，也是后疫情时代人体免疫力等全面健康恢复的优选中药材资源；杜仲果、皮、叶均含有丰富的杜仲橡胶，是重要工业原料，具有其他任何高分子材料都不具备的"橡胶—塑料二重性"，开发出的新功能材料具有热塑性、热弹性和橡胶弹性等特性，以及低温可塑、抗撕裂、耐磨、透雷达波、储能、吸能、换能、减震、形状记忆等功能，广泛应用于航空航天、国防和军工、汽车工业、高铁、通信、医疗、电力、水利、建筑、运动竞技等领域；杜仲叶、杜仲籽粕是无抗功能饲料重要资源，对提高畜禽及鱼类免疫力、减少抗生素使用、提高肉蛋品质效果十分显著，是我国肉食安全和提高肉食质量的重要保障；杜仲还是生态建设和城乡绿化优选树种，其树形优美，适生范围广，在城镇绿化、公园绿地植物配置以及生态文明建设中有较好的应用前景；作为优质用材树种，杜仲木材材质硬、纹理美观，不翘不裂，有赛红木的美誉，是制造各种高档家具、建筑以及加工各种工艺装饰品的上佳材料。

1.2　我国杜仲种质资源分布

杜仲在晚第三纪以前曾广泛分布于欧亚大陆，经历第四纪冰川期后，仅存于受复杂地形保护的我国中部地区，因此，杜仲是地质史上残留下来的孑遗植物。

杜仲在我国自然分布范围在25°～35°N、104°～119°E，南北横跨10°，东西横跨15°。杜仲在自然分布区内垂直分布约在海拔2500m以下。自然分布区包括亚热带长江流域的湖南、湖北、江西、江苏、浙江等

'华仲6号'杜仲结果枝

'华仲24号'杜仲

地，以及暖温带黄河流域的河南、陕西、甘肃、山东等地。我国历史上对杜仲的栽培利用较早，不同地区之间相互引种的情况一直存在。杜仲大规模的系统性引种始于新中国成立后，先后在北京、河北、辽宁、吉林、宁夏、内蒙古、新疆、西藏、广西、广东、福建等十多个省份引种试种成功，现有杜仲栽培及引种区域已经扩展到24°50′～41°50′N、76°00′～126°00′E，即广东韶关以北、吉林通化以南、新疆喀什以东、上海以西的28个省（自治区、直辖市）300余个县（区）。适生种植区年均气温6.5～20℃，极端最低气温达−33℃，pH5.0～8.5。杜仲在国外的引种历史有100余年，先后引种至欧洲各国、日本、美国、韩国、印度以及黑海和北高加索地区，引种和适生区域极为广阔。

1.3 我国杜仲种质资源收集保护情况

杜仲在我国有悠久的栽培利用传统。早期杜仲育种工作者在湖南、贵州、湖北等地开展了一些杜仲种质资源的收集工作，但这些种质资源收集的规模和范围都相对较小。杜仲系统性的种质资源收集工作始于20世纪80年代，以中国林业科学研究院经济林研究所（以下简称中国林科院经济林研究所）为核心的杜仲团队，自1983年到2021年先后进行了3次全国性杜仲种质资源的调查、收集工作。第一次（1983—1986年）以利用杜仲皮为育种目标，收集了河南、湖南、贵州、四川等10个全国主产区的第一批实生优树；第二次（1992—1995年）从杜仲橡胶和中药产业发展的需求出发，收集了河北、山东、新疆等国内主要引种区的果用（高产橡胶）杜仲优树资源；第三次（2008—2021年）从国家战略需求出发，收集了覆盖28个省（自治区、直辖市）以及日本、美国等地的优树、变异类型、超级苗、特种变异单株以及杜仲良种。当前，杜仲种质资源的收集保存工作一直在进行中，经过30多年的不懈努力，收集保存杜仲种质资源2000余份，并建立了国家杜仲种质资源库。

由于杜仲栽培引种历史悠久、引种地域广等给当前杜仲种质资源研究带来诸多问题。首先，种质混杂、遗传背景模糊。在我国2000余年的引种栽培历史中，各原生分布区的种质不断地迁移交换。新中国成立后，又经历了多次系统性的大规模引种，伴随着引种过程，杜仲的分布区不断北移南进，西推东扩。目前，在我国绝大多数省（自治区、直辖市）均有分布，现有的杜仲群体均为人工栽培群体，已很难区分出种源。其次，良种化程度低。尽管已选育出了30多个杜仲良种，为我国杜仲产业发展起到了很好的带动作用，但是由于栽培习惯、对良种的认知度低等原因，全国良种化率不足5%，杜仲育种中，优良亲本缺乏

'华仲24号'杜仲雄花

'仲林1号'杜仲结果枝

和选育品种遗传背景狭窄的问题依然突出。第三，种质保存难度越来越大。随着杜仲种质资源收集的规模越来越大，占地面积也越来越大，但是种质的保存方式仍以全面保存为主，缺乏重点与针对性，给种质资源的保存和高效利用带来了不便。第四，良种化的趋势下，存在种质灭失的风险。随着引种栽培逐步向良种化方向发展，一些栽培表现普通的种质及群体面临淘汰和分布区进一步缩减甚至消失的压力，而其中的遗传多样性可能随之消失。如何更好地保存、利用杜仲种质资源，已成为当前杜仲种质资源研究中亟待解决的问题。

1.4　核心种质研究概况

杜仲雌花芽

杜仲雄花芽

20世纪以来，物种多样性消失屡见报端，各国对遗传资源重要性的认知逐渐加深，相继建立了大量的种质资源库，通过对资源的广泛征集和交换，资源库的规模变得越来越大。到2021年为止，全世界范围内非原生境保存的植物资源已达740万份。随着种质资源的不断积累，种质库也变得越来越大，这极大地提高了种质库的运行和管理费用，提高了特异种质材料筛选和挖掘的难度。Frankel和Brown提出核心种质的概念，即用最少的种质数量和最低的遗传冗余最大程度地代表一个物种最丰富的遗传多样性、结构及地理分布。核心种质一般应具备代表性、异质性、动态性和实用性等特征。

核心种质的概念提出以后，研究人员开展了大量研究工作，主要集中在核心种质的构建方法和核心种质代表性检验上。涉及的主要内容有：核心种质的构建程序、分析方法、特征数据的选择、种质分组的原则、取样策略、取样比例和评价指标等方面，这些方法均有其合理性及适用范围。然而，由于各种林木、作物的生长习性、生殖特性等千差万别，因此，并不存在一种通用的核心种质构建方法，也不存在最佳的取样比例和聚类方法等，只能从该物种本身的生物学特性和育种目标出发，建立相应的评价参数体系，选择能使参数最优的策略作为最适合该物种的核心种质构建方法。总的来说，核心种质的建立分为四步：数据收集；评价参数选择；取样策略选择（取样方法、聚类方法、取样比例等）；代表性检验。

种质资源的不断征集使种质库的规模快速扩大，但因缺乏必要的人力、物力和时间，很多种质材料的遗传特性未能被详细的鉴定和考证，特别是农艺性状相关的遗传信息，基因型与环境间的相互作用信息等。核心种质研究中普遍存在数据不完整的问题，这严重影响了核心种质构建及评价的准确性。核心种质构建或评价，主要采用地理起源信息、生态类型信息、分类信息、形态特征信息及农艺性状信息，然而，种质材料的频繁交换，使地理多样性和遗传多样性的关系逐渐变得模糊，材料间地理起源的差异并不能反映遗传上的差异。形态性状能反映材料间的表型差异，但不能直接反映与生产和育种等相关的农艺性状的差异，如产量、抗性、品质等。直接采用形态和农艺性状数据进行的群体分类，更多反映的是较低分类水平上群体或个体的适应性差异，由于忽略了基因、环境及相互之间的协同效应而存在一定的不足。20世纪80年代以来，分子标记技术的出现为核心种质的研究提供了新的手段，很大程度地促进了核心种质的相关研究。对种质群体进行基因水平上的多样性评价已成为核心种质研究的重要内容，对于数据缺失较为严重的种质库，可利用分子标记对材料进行检测，构建核心库。对于已经根据表型建立的核心库，也可再从分子水平上对原有库进行压缩，进一步去除遗传冗余。但形态、农艺性状等表型上的遗传变异及多样性评价依然重要，这与种质材料的环境适应性和育种潜力有关。用RFLP和形态性状评价珍珠粟的遗传多样性时，发现基于形态性状的遗传距离和基于分子标记的遗传距离仅存在微弱的相关性（$r=0.01$）。用数量性状和异型酶研究地中海松树群体的遗传结构时发现，该群体内分子标记和数量性状的变异模式不同，仅用分子标记信息无法确定遗传资源的保护程序，数量性状估计的个体或群体间差异一般大于等于用分子标记估计的差异，认为基于分子标记对群体分类相对保守，不能真实地反映不同类群间数量性状的遗传差异。所以，单从表型和分子标记来反映物种的遗传差异均有不足之处，两者结合更能反映其种群的多样性特征。

'红丝绵'雌花

'华仲21号'杜仲雄花枝

1.5 杜仲核心种质构建

2015—2021年，中国林科院经济林研究所开展了杜仲核心种质的研究，以保存在中国林科院经济林研究所原阳基地国家杜仲种质资源库内的1087份杜仲种质为材料，分析了杜仲群体的遗传多样性和遗传结构。将长期以来观测筛选的杜仲优异种质和审定的良种作为必选种质，以表型变异保存率和等位基因保存率最大化为原则，分别从表型和遗传两个方面构建杜仲的核心种质。整合必选种质、基于表型数据的核心种质和基于SSR标记的核心种质3个关键杜仲种质群体，获得最终的杜仲核心种质。

1.5.1 基于表型性状构建杜仲雄性核心种质

以河南原阳国家杜仲种质资源库内403份杜仲雄性种质为材料，测量杜仲雄花和叶片表型性状，采用2种遗传距离（马氏距离、欧氏距离）、3种取样方法（多次聚类随机取样法、多次聚类优先取样法、多次聚类偏离度取样法）、6种取样比例（5%、10%、15%、20%、25%、30%）、8种聚类方法（可变法、可变类平均法、类平均法、离差平方和法、中间距离法、重心法、最短距离法、最长距离法），应用均值差异百分率、方差差异百分率、极差符合率和变异系数变化率4个评价参数评价各种取样策略的优劣，选出参数最优的一组核心种质。结合多样性指数的t检验法、符合率检验法、主成分分析法和基于主成分的样品分布图验证和确认核心种质的有效性及代表性。最终，采用"多次聚类优先取样法+10%的取样比例+最短距离法+马氏距离"的策略，构建了杜仲雄性资源核心种质。从403份雄性种质提取得到了41份核心种质。

1.5.2 基于表型性状构建杜仲雌性核心种质

以河南原阳国家杜仲种质资源库内684份杜仲雌性种质为材料，测量杜仲果实和叶片表型性状，采用与杜仲雄性资源核心种质相同的方法构建和验证杜仲雌性资源核心种质。最终，采用"多次聚类优先取样法+10%的取样比例+中间距离法+欧氏距离"的策略，构建了杜仲雌性资源核心种质。从684份雌性种质提取得到了75份核心种质。

1.5.3 基于分子标记构建杜仲核心种质

以河南原阳国家杜仲种质资源库内1087份杜仲种质为材料，采用SSR标记和等位基因数目最大化策略构建杜仲在分子水平上的核心种质。从1087份杜仲种质提取得到了226份核心种质。

1.5.4 整合表型和分子标记构建杜仲核心种质

在利用表型数据构建的杜仲雌、雄性核心种质和利用SSR分子标记构建的杜仲核心种质的基础上，采用表型变异保存率最大化和等位基因数最大化策略，整合了表型和分子标记数据构建杜仲核心种质。以分子标记构建的核心种质为主，将利用表型性状数据获得的杜仲雌、雄性资源核心种质与基于SSR分子标记构建的核心种质进行对比，加入没有入选SSR分子标记构建的核心种质的表型核心种质材料，形成最终的核心种质，得到318份核心种质，包括214份基本核心种质，33份杜仲良种（新品种），71份杜仲优良无性系（文中雄花花簇及雄蕊、果实形态照片中每一个网格代表1cm）。

'华仲26号'杜仲结果树形

杜仲庭院绿化

第 2 章

杜仲雄性核心种质

2.1 基本核心种质

10036X

母树来源于广西壮族自治区兴安县，通过嫁接方式保存于中国林科院经济林研究所原阳国家杜仲种质资源库。

树势强，树姿半开张，成枝力弱，萌芽力强，节间距2.11cm。叶片椭圆形，叶缘钝齿，叶尖尾尖，基部偏形，叶片长15.14cm，叶片宽6.65cm，叶面积63.50cm²，叶柄长1.56cm。

雄花呈绿色，在苞腋内簇生，有2～3mm长的短梗，花药条形。雄花序直径2.34cm，雄花序高度2.29cm，雄蕊长度1.33cm，每花簇雄蕊数106枚，千蕊重7.81g。

雄花花簇及雄蕊

开花枝组

叶形

花期树形

10063X

　　母树来源于河北省安国市，通过嫁接方式保存于中国林科院经济林研究所原阳国家杜仲种质资源库。

　　树势中庸，树姿开张，成枝力弱，萌芽力中等，节间距2.36cm。叶片椭圆形，叶缘钝齿，叶尖尾尖，基部偏形，叶片长13.71cm，叶片宽6.71cm，叶面积60.90cm²，叶柄长1.68cm。

　　雄花先端呈紫红色，在苞腋内簇生，有2～3mm长的短梗，花药条形。雄花序直径2.06cm，雄花序高度2.11cm，雄蕊长度1.19cm，每花簇雄蕊数61枚，千蕊重7.45g。

🌿 雄花花簇及雄蕊

🌿 开花枝

🌿 叶形

🌿 花期树形

10065X

　　母树来源于河北省安国市，通过嫁接方式保存于中国林科院经济林研究所原阳国家杜仲种质资源库。

　　树势中庸，树姿直立，成枝力强，萌芽力中等，节间距1.57cm。叶片椭圆形，叶缘钝齿，叶尖尾尖，基部偏形，叶片长14.88cm，叶片宽7.06cm，叶面积70.57cm²，叶柄长2.09cm。

　　雄蕊先端呈紫红色，在苞腋内簇生，有2～3mm长的短梗，花药条形。雄花序直径2.42cm，雄花序高度1.85cm，雄蕊长度1.05cm，每花簇雄蕊数98枚，千蕊重6.37g。

雄花花簇及雄蕊

开花枝

叶形

花期树形

10075X

　　母树来源于河北省安国市，通过嫁接方式保存于中国林科院经济林研究所原阳国家杜仲种质资源库。

　　树势中庸，树姿半开张，成枝力弱，萌芽力中等，节间距2.53cm。叶片椭圆形，叶缘牙齿，叶尖尾尖，基部偏形，叶片长13.32cm，叶片宽6.28cm，叶面积55.86cm²，叶柄长1.17cm。

　　雄蕊先端呈浅红色，在苞腋内簇生，有2～3mm长的短梗，花药条形。雄花序直径2.05cm，雄花序高度2.11cm，雄蕊长度1.14cm，每花簇雄蕊数71枚，千蕊重7.59g。

🌿 雄花花簇及雄蕊

🌿 开花枝

🌿 叶形

🌿 花期树形

10077X

母树来源于河北省安国市，通过嫁接方式保存于中国林科院经济林研究所原阳国家杜仲种质资源库。

树势中庸，树姿半开张，成枝力中等，萌芽力中等，节间距2.15cm。叶片椭圆形，叶缘钝齿，叶尖尾尖，基部圆形，叶片长14.66cm，叶片宽6.73cm，叶面积67.35cm²，叶柄长2.00cm。

雄蕊先端呈浅红色，在苞腋内簇生，有2～3mm长的短梗，花药条形。雄花序直径1.82cm，雄花序高度1.99cm，雄蕊长度1.07cm，每花簇雄蕊数82枚，千蕊重6.47g。

雄花花簇及雄蕊

开花枝组

叶形

花期树形

10078X

　　母树来源于河北省安国市，通过嫁接方式保存于中国林科院经济林研究所原阳国家杜仲种质资源库。

　　树势中庸，树姿半开张，成枝力强，萌芽力中等，节间距1.71cm。叶片阔椭圆形，叶缘钝齿，叶尖尾尖，基部心形，叶片长13.54cm，叶片宽6.14cm，叶面积50.16cm²，叶柄长1.23cm。

　　雄蕊中上部呈紫红色，在苞腋内簇生，有2～3mm长的短梗，花药条形。雄花序直径2.66cm，雄花序高度2.32cm，雄蕊长度1.03cm，每花簇雄蕊数80枚，千蕊重6.53g。

🌿 雄花花簇及雄蕊

🌿 开花枝

🌿 叶形

🌿 花期树形

10080X

母树来源于河北省安国市，通过嫁接方式保存于中国林科院经济林研究所原阳国家杜仲种质资源库。

树势中庸，树姿半开张，成枝力中等，萌芽力强，节间距2.23cm。叶片椭圆形，叶缘锯齿，叶尖尾尖，基部偏形，叶片长13.21cm，叶片宽5.89cm，叶面积52.33cm²，叶柄长1.63cm。

雄蕊先端呈浅红色，在苞腋内簇生，有2～3mm长的短梗，花药条形。雄花序直径1.88cm，雄花序高度1.95cm，雄蕊长度1.01cm，每花簇雄蕊数90枚，千蕊重5.50g。

🌿 雄花花簇及雄蕊

🌿 开花枝

🌿 叶形

🌿 花期树形

10089X

母树来源于安徽省亳州市，通过嫁接方式保存于中国林科院经济林研究所原阳国家杜仲种质资源库。

树势中庸，树姿半开张，成枝力强，萌芽力强，节间距2.80cm。叶片长椭圆形，叶缘钝齿，叶尖尾尖，基部楔形，叶片长16.44cm，叶片宽7.65cm，叶面积77.74cm^2，叶柄长1.76cm。

雄蕊先端呈浅红色，在苞腋内簇生，有2～3mm长的短梗，花药条形。雄花序直径2.15cm，雄花序高度2.26cm，雄蕊长度1.25cm，每花簇雄蕊数95枚，千蕊重7.65g。

🍃 雄花花簇及雄蕊

🍃 开花枝

🍃 叶形

🍃 花期树形

10090X

母树来源于安徽省亳州市，通过嫁接方式保存于中国林科院经济林研究所原阳国家杜仲种质资源库。

树势中庸，树姿直立，成枝力中等，萌芽力中等，节间距1.93cm。叶片椭圆形，叶缘圆齿，叶尖尾尖，基部偏形，叶片长13.56cm，叶片宽7.29cm，叶面积65.73cm²，叶柄长1.97cm。

雄蕊先端呈浅红色，在苞腋内簇生，有2～3mm长的短梗，花药条形。雄花序直径1.80cm，雄花序高度1.87cm，雄蕊长度1.39cm，每花簇雄蕊数73枚，千蕊重6.80g。

🌱 雄花花簇及雄蕊

🌱 开花枝

🌱 叶形

🌱 花期树形

10096X

母树来源于浙江省杭州市，通过嫁接方式保存于中国林科院经济林研究所原阳国家杜仲种质资源库。

树势强，树姿半开张，成枝力中等，萌芽力中等，节间距2.14cm。叶片椭圆形，叶缘钝齿，叶尖尾尖，基部楔形，叶片长14.51cm，叶片宽5.74cm，叶面积51.30cm²，叶柄长1.54cm。

雄花呈紫红色，在苞腋内簇生，有2～3mm长的短梗，花药条形。雄花序直径2.11cm，雄花序高度2.02cm，雄蕊长度0.95cm，每花簇雄蕊数98枚，千蕊重5.97g。

🌱 雄花花簇及雄蕊

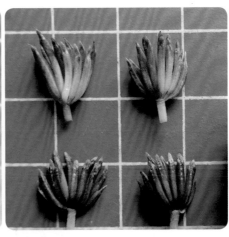

🌱 开花枝组

🌱 叶形

🌱 花期树形

10198X

母树来源于北京市杜仲公园，通过嫁接方式保存于中国林科院经济林研究所原阳国家杜仲种质资源库。

树势中等，树姿半开张，成枝力强，萌芽力中等，节间距2.44cm。叶片椭圆形，叶缘钝齿，叶尖尾尖，基部偏形，叶片长12.83cm，叶片宽5.88cm，叶面积45.77cm²，叶柄长1.71cm。

雄蕊先端呈浅红色，在苞腋内簇生，有2~3mm长的短梗，花药条形。雄花序直径1.68cm，雄花序高度1.84cm，雄蕊长度1.03cm，每花簇雄蕊数56枚，千蕊重6.29g。

🌿 雄花花簇及雄蕊

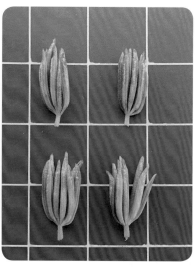

🌿 开花枝

🌿 叶形

🌿 花期树形

10283X

母树来源于北京市万泉河路，通过嫁接方式保存于中国林科院经济林研究所原阳国家杜仲种质资源库。

树势中等，树姿半开张，成枝力强，萌芽力中等，节间距1.64cm。叶片卵形，叶缘钝齿，叶尖尾尖，基部心形，叶片长13.42cm，叶片宽6.68cm，叶面积56.92cm²，叶柄长2.17cm。

雄花期较晚，雄蕊先端呈浅红色，在苞腋内簇生，有2～3mm长的短梗，花药条形。雄花序直径1.48cm，雄花序高度1.83cm，雄蕊长度1.13cm，每花簇雄蕊数51枚，千蕊重6.79g。

🌿 雄花花簇及雄蕊

🌿 开花枝

🌿 叶形

🌿 花期树形

10292X

　　母树来源于北京市万泉河路，通过嫁接方式保存于中国林科院经济林研究所原阳国家杜仲种质资源库。

　　树势强，树姿半开张，成枝力强，萌芽力弱，节间距2.43cm。叶片椭圆形，叶缘钝齿，叶尖渐尖，基部偏形，叶片长11.65cm，叶片宽5.61cm，叶面积43.20cm²，叶柄长1.62cm。

　　雄蕊先端呈浅红色，在苞腋内簇生，有2～3mm长的短梗，花药条形。雄花序直径2.06cm，雄花序高度1.89cm，雄蕊长度0.95cm，每花簇雄蕊数64枚，千蕊重5.07g。

🌱 雄花花簇及雄蕊

🌱 开花枝

🌱 叶形

🌱 花期树形

10293X

  母树来源于北京市万泉河路，通过嫁接方式保存于中国林科院经济林研究所原阳国家杜仲种质资源库。

  树势中庸，树姿开张，成枝力强，萌芽力强，节间距2.11cm。叶片椭圆形，叶缘锯齿，叶尖尾尖，基部偏形，叶片长11.88cm，叶片宽7.40cm，叶面积59.72cm²，叶柄长1.05cm。

  雄蕊先端呈浅红色，在苞腋内簇生，有2～3mm长的短梗，花药条形。雄花序直径2.32cm，雄花序高度2.17cm，雄蕊长度1.01cm，每花簇雄蕊数91枚，千蕊重5.75g。

🌿 雄花花簇及雄蕊

🌿 开花枝

🌿 叶形

🌿 花期树形

10297X

母树来源于北京市万泉河路，通过嫁接方式保存于中国林科院经济林研究所原阳国家杜仲种质资源库。

树势强，树姿半开张，成枝力强，萌芽力中等，节间距2.55cm。叶片椭圆形，叶缘钝齿，叶尖尾尖，基部楔形，叶片长14.16cm，叶片宽6.24cm，叶面积57.11cm²，叶柄长1.63cm。

雄蕊先端呈紫红色，在苞腋内簇生，有2～3mm长的短梗，花药条形。雄花序直径2.32cm，雄花序高度2.08cm，雄蕊长度0.97cm，每花簇雄蕊数70枚，千蕊重5.38g。

🌿 雄花花簇及雄蕊

🌿 开花枝

🌿 叶形

🌿 花期树形

10303X

母树来源于北京市万泉河路，通过嫁接方式保存于中国林科院经济林研究所原阳国家杜仲种质资源库。

树势中庸，树姿开张，成枝力强，萌芽力中等，节间距1.85cm。叶片倒卵形，叶缘钝齿，叶尖渐尖，基部偏形，叶片长15.55cm，叶片宽8.59cm，叶面积85.87cm²，叶柄长1.95cm。

雄蕊中上部呈紫红色，在苞腋内簇生，有2～3mm长的短梗，花药条形。雄花序直径2.50cm，雄花序高度2.24cm，雄蕊长度1.30cm，每花簇雄蕊数69枚，千蕊重7.72g。

雄花花簇及雄蕊

开花枝

叶形

花期树形

10312X

母树来源于北京市杜仲公园，通过嫁接方式保存于中国林科院经济林研究所原阳国家杜仲种质资源库。

树势强，树姿半开张，成枝力强，萌芽力强，节间距2.30cm。叶片倒卵形，叶缘锯齿，叶尖尾尖，基部偏形，叶片长13.57cm，叶片宽7.08cm，叶面积64.88cm^2，叶柄长2.00cm。

雄蕊先端呈浅红色，在苞腋内簇生，有2～3mm长的短梗，花药条形。雄花序直径2.30cm，雄花序高度2.01cm，雄蕊长度1.08cm，每花簇雄蕊数69枚，千蕊重7.01g。

🌱 雄花花簇及雄蕊

🌱 开花枝

🌱 叶形

🌱 花期树形

10314X

　　母树来源于北京市杜仲公园，通过嫁接方式保存于中国林科院经济林研究所原阳国家杜仲种质资源库。

　　树势中庸，树姿半开张，成枝力强，萌芽力弱，节间距1.94cm。叶片倒卵形，叶缘钝齿，叶尖尾尖，基部偏形，叶片长13.71cm，叶片宽5.70cm，叶面积49.69cm^2，叶柄长1.69cm。

　　雄蕊中上部呈紫红色，在苞腋内簇生，有2～3mm长的短梗，花药条形。雄花序直径1.82cm，雄花序高度1.69cm，雄蕊长度1.02cm，每花簇雄蕊数60枚，千蕊重6.81g。

🌱 雄花花簇及雄蕊

🌱 开花枝

🌱 叶形

🌱 花期树形

10315X

母树来源于北京市杜仲公园，通过嫁接方式保存于中国林科院经济林研究所原阳国家杜仲种质资源库。

树势中庸，树姿半开张，成枝力弱，萌芽力中等，节间距1.37cm。叶片倒卵形，叶缘锯齿，叶尖尾尖，基部偏形，叶片长13.96cm，叶片宽5.95cm，叶面积50.91cm²，叶柄长1.90cm。

雄蕊先端呈紫红色，在苞腋内簇生，有2~3mm长的短梗，花药条形。雄花序直径2.46cm，雄花序高度2.85cm，雄蕊长度1.53cm，每花簇雄蕊数112枚，千蕊重7.79g。

雄花花簇及雄蕊

开花枝

叶形

花期树形

10319X

　　母树来源于北京市杜仲公园，通过嫁接方式保存于中国林科院经济林研究所原阳国家杜仲种质资源库。

　　树势中庸，树姿半开张，成枝力强，萌芽力强，节间距2.08cm。叶片阔椭圆形，叶缘锯齿，叶尖锐尖，基部心形，叶片长13.72cm，叶片宽7.45cm，叶面积68.88cm²，叶柄长1.36cm。

　　雄蕊先端呈浅红色，在苞腋内簇生，有2～3mm长的短梗，花药条形。雄花序直径2.32cm，雄花序高度2.20cm，雄蕊长度1.26cm，每花簇雄蕊数104枚，千蕊重7.14g。

🍃 雄花花簇及雄蕊

🍃 开花枝

🍃 叶形

🍃 花期树形

10321X

　　母树来源于北京市杜仲公园，通过嫁接方式保存于中国林科院经济林研究所原阳国家杜仲种质资源库。

　　树势强，树姿直立，成枝力中等，萌芽力中等，节间距2.07cm。叶片倒卵形，叶缘钝齿，叶尖尾尖，基部偏形，叶片长13.51cm，叶片宽5.65cm，叶面积48.38cm²，叶柄长1.64cm。

　　雄花外围雄蕊呈紫红色，在苞腋内簇生，有2～3mm长的短梗，花药条形。雄花序直径2.01cm，雄花序高度1.90cm，雄蕊长度1.39cm，每花簇雄蕊数86枚，千蕊重7.57g。

雄花花簇及雄蕊

开花枝

叶形

花期树形

10322X

母树来源于北京市杜仲公园，通过嫁接方式保存于中国林科院经济林研究所原阳国家杜仲种质资源库。

树势强，树姿半开张，成枝力弱，萌芽力中等，节间距2.39cm。叶片椭圆形，叶缘钝齿，叶尖尾尖，基部偏形，叶片长14.09cm，叶片宽6.97cm，叶面积63.79cm²，叶柄长1.63cm。

雄蕊先端呈浅红色，在苞腋内簇生，有2～3mm长的短梗，花药条形。雄花序直径1.95cm，雄花序高度2.00cm，雄蕊长度0.98cm，每花簇雄蕊数87枚，千蕊重5.79g。

🌱 雄花花簇及雄蕊

🌱 开花枝

🌱 叶形

🌱 花期树形

10323X

母树来源于北京市杜仲公园，通过嫁接方式保存于中国林科院经济林研究所原阳国家杜仲种质资源库。

树势中庸，树姿半开张，成枝力中等，萌芽力弱，节间距1.75cm。叶片长椭圆形，叶缘钝齿，叶尖尾尖，基部偏形，叶片长15.15cm，叶片宽6.69cm，叶面积69.25cm²，叶柄长1.50cm。

雄蕊先端呈浅红色，在苞腋内簇生，有2～3mm长的短梗，花药条形。雄花序直径1.87cm，雄花序高度2.16cm，雄蕊长度1.12cm，每花簇雄蕊数95枚，千蕊重6.94g。

🌱 雄花花簇及雄蕊

🌱 开花枝

🌱 叶形

🌱 花期树形

10330X

　　母树来源于北京市杜仲公园，通过嫁接方式保存于中国林科院经济林研究所原阳国家杜仲种质资源库。

　　树势强，树姿半开张，成枝力强，萌芽力强，节间距1.76cm。叶片椭圆形，叶缘钝齿，叶尖尾尖，基部圆形，叶片长13.60cm，叶片宽6.05cm，叶面积52.19cm²，叶柄长1.40cm。

　　雄蕊先端呈浅红色，在苞腋内簇生，有2～3mm长的短梗，花药条形。雄花序直径2.14cm，雄花序高度2.04cm，雄蕊长度1.13cm，每花簇雄蕊数94枚，千蕊重7.05g。

🌿 雄花花簇及雄蕊

🌿 开花枝

🌿 叶形

🌿 花期树形

10332X

母树来源于北京市杜仲公园，通过嫁接方式保存于中国林科院经济林研究所原阳国家杜仲种质资源库。

树势中庸，树姿开张，成枝力强，萌芽力中等，节间距2.39cm。叶片椭圆形，叶缘锯齿，叶尖尾尖，基部偏形，叶片长14.07cm，叶片宽7.34cm，叶面积65.70cm²，叶柄长1.99cm。

雄蕊先端呈浅红色，在苞腋内簇生，有2～3mm长的短梗，花药条形。雄花序直径2.16cm，雄花序高度1.93cm，雄蕊长度1.01cm，每花簇雄蕊数83枚，千蕊重6.01g。

🌿 雄花花簇及雄蕊

🌿 开花枝

🌿 叶形

🌿 花期树形

10333X

母树来源于北京市杜仲公园，通过嫁接方式保存于中国林科院经济林研究所原阳国家杜仲种质资源库。

树势中庸，树姿直立，成枝力中等，萌芽力强，节间距2.14cm。叶片倒卵形，叶缘钝齿，叶尖尾尖，基部偏形，叶片长13.64cm，叶片宽7.94cm，叶面积73.62cm^2，叶柄长1.76cm。

雄蕊呈绿色，在苞腋内簇生，有2～3mm长的短梗，花药条形。雄花序直径1.85cm，雄花序高度1.96cm，雄蕊长度1.18cm，每花簇雄蕊数37枚，千蕊重5.86g。

🌿 雄花花簇及雄蕊

🌿 开花枝

🌿 叶形

🌿 花期树形

10337X

　　母树来源于北京市杜仲公园，通过嫁接方式保存于中国林科院经济林研究所原阳国家杜仲种质资源库。

　　树势中庸，树姿开张，成枝力强，萌芽力强，节间距2.22cm。叶片椭圆形，叶缘圆齿，叶尖渐尖，基部心形，叶片长13.76cm，叶片宽7.00cm，叶面积62.77cm²，叶柄长1.57cm。

　　雄蕊先端呈浅红色，在苞腋内簇生，有2～3mm长的短梗，花药条形。雄花序直径1.79cm，雄花序高度1.99cm，雄蕊长度1.13cm，每花簇雄蕊数85枚，千蕊重6.58g。

🌱 雄花花簇及雄蕊

🌱 开花枝

🌱 叶形

🌱 花期树形

10339X

母树来源于北京市杜仲公园，通过嫁接方式保存于中国林科院经济林研究所原阳国家杜仲种质资源库。

树势强，树姿半开张，成枝力强，萌芽力强，节间距2.05cm。叶片长椭圆形，叶缘圆齿，叶尖尾尖，基部楔形，叶片长12.80cm，叶片宽7.04cm，叶面积59.22cm²，叶柄长2.16cm。

雄蕊先端呈浅红色，在苞腋内簇生，有2～3mm长的短梗，花药条形。雄花序直径1.86cm，雄花序高度2.04cm，雄蕊长度1.32cm，每花簇雄蕊数94枚，千蕊重7.29g。

🌿 雄花花簇及雄蕊

🌿 开花枝

🌿 叶形

🌿 花期树形

10344X

　　母树来源于北京市杜仲公园，通过嫁接方式保存于中国林科院经济林研究所原阳国家杜仲种质资源库。

　　树势强，树姿直立，成枝力强，萌芽力中等，节间距2.17cm。叶片卵形，叶缘牙齿，叶尖尾尖，基部心形，叶片长14.98cm，叶片宽7.41cm，叶面积73.56cm²，叶柄长2.01cm。

　　雄蕊先端呈紫红色，在苞腋内簇生，有2～3mm长的短梗，花药条形。雄花序直径2.07cm，雄花序高度2.04cm，雄蕊长度1.07cm，每花簇雄蕊数59枚，千蕊重6.40g。

雄花花簇及雄蕊

开花枝

叶形

花期树形

10352X

　　母树来源于北京市杜仲公园，通过嫁接方式保存于中国林科院经济林研究所原阳国家杜仲种质资源库。

　　树势中庸，树姿半开张，成枝力弱，萌芽力中等，节间距2.00cm。叶片卵圆形，叶缘锯齿，叶尖尾尖，基部楔形，叶片长13.41cm，叶片宽7.36cm，叶面积66.54cm²，叶柄长1.37cm。

　　雄蕊中上部呈紫红色，在苞腋内簇生，有2～3mm长的短梗，花药条形。雄花序直径2.74cm，雄花序高度2.21cm，雄蕊长度1.19cm，每花簇雄蕊数115枚，千蕊重6.51g。

🌿 雄花花簇及雄蕊

🌿 开花枝

🌿 叶形

🌿 花期树形

10353X

　　母树来源于北京市杜仲公园，通过嫁接方式保存于中国林科院经济林研究所原阳国家杜仲种质资源库。

　　树势强，树姿直立，成枝力中等，萌芽力强，节间距2.24cm。叶片长椭圆形，叶缘圆齿，叶尖尾尖，基部圆形，叶片长15.13cm，叶片宽7.33cm，叶面积72.26cm²，叶柄长2.27cm。

　　雄蕊先端呈浅红色，在苞腋内簇生，有2～3mm长的短梗，花药条形。雄花序直径2.40cm，雄花序高度3.04cm，雄蕊长度1.26cm，每花簇雄蕊数121枚，千蕊重7.73g。

🌿 雄花花簇及雄蕊

🌿 开花枝

🌿 叶形

🌿 花期树形

10356X

母树来源于北京市杜仲公园，通过嫁接方式保存于中国林科院经济林研究所原阳国家杜仲种质资源库。

树势中庸，树姿半开张，成枝力中等，萌芽力中等，节间距1.84cm。叶片椭圆形，叶缘锯齿，叶尖尾尖，基部偏形，叶片长15.23mm，叶片宽7.35mm，叶面积73.53cm²，叶柄长1.66cm。

雄蕊先端呈浅红色，在苞腋内簇生，有2～3mm长的短梗，花药条形。雄花序直径2.24cm，雄花序高度2.10cm，雄蕊长度0.95cm，每花簇雄蕊数93枚，千蕊重4.83g。

🌿 雄花花簇及雄蕊

🌿 开花枝

🌿 叶形

🌿 花期树形

10360X

母树来源于北京市杜仲公园，通过嫁接方式保存于中国林科院经济林研究所原阳国家杜仲种质资源库。

树势强，树姿直立，成枝力弱，萌芽力中等，节间距2.33cm。叶片椭圆形，叶缘牙齿，叶尖尾尖，基部楔形，叶片长14.07cm，叶片宽6.50cm，叶面积61.39cm^2，叶柄长1.67cm。

雄蕊中上部呈紫红色，在苞腋内簇生，有2～3mm长的短梗，花药条形。雄花序直径2.40cm，雄花序高度2.21cm，雄蕊长度1.26cm，每花簇雄蕊数88枚，千蕊重6.84g。

🌱 雄花花簇及雄蕊

🌱 开花枝

🌱 叶形

🌱 花期树形

10361X

母树来源于北京市杜仲公园，通过嫁接方式保存于中国林科院经济林研究所原阳国家杜仲种质资源库。

树势较强，树姿半开张，成枝力强，萌芽力中等，节间距2.12cm。叶片阔椭圆形，叶缘牙齿，叶尖尾尖，基部偏形，叶片长11.20cm，叶片宽5.60cm，叶面积50.13cm²，叶柄长1.17cm。

雄蕊先端呈浅红色，在苞腋内簇生，有2～3mm长的短梗，花药条形。雄花序直径2.30cm，雄花序高度2.05cm，雄蕊长度1.07cm，每花簇雄蕊数107枚，千蕊重7.05g。

🌱 雄花花簇及雄蕊

🌱 开花枝

🌱 叶形

🌱 花期树形

10363X

母树来源于北京市杜仲公园，通过嫁接方式保存于中国林科院经济林研究所原阳国家杜仲种质资源库。

树势强，树姿半开张，成枝力强，萌芽力强，节间距2.17cm。叶片椭圆形，叶缘牙齿，叶尖尾尖，基部楔形，叶片长15.92cm，叶片宽6.51cm，叶面积65.32cm²，叶柄长1.85cm。

雄花呈绿色，在苞腋内簇生，有2～3mm长的短梗，花药条形。雄花序直径1.96cm，雄花序高度2.05cm，雄蕊长度1.33cm，每花簇雄蕊数72枚，千蕊重6.80g。

🌱 雄花花簇及雄蕊

🌱 开花枝

🌱 叶形

🌱 花期树形

10366X

母树来源于北京市杜仲公园，通过嫁接方式保存于中国林科院经济林研究所原阳国家杜仲种质资源库。

树势强，树姿直立，成枝力弱，萌芽力强，节间距2.36cm。叶片阔椭圆形，叶缘钝齿，叶尖渐尖，基部偏形，叶片长11.32cm，叶片宽5.80cm，叶面积44.76cm²，叶柄长1.24cm。

雄花呈绿色，在苞腋内簇生，有2～3mm长的短梗，花药条形。雄花序直径1.51cm，雄花序高度2.00cm，雄蕊长度1.01cm，每花簇雄蕊数71枚，千蕊重6.02g。

🍃 雄花花簇及雄蕊

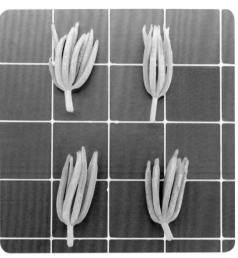

🍃 开花枝

🍃 叶形

🍃 花期树形

10370X

母树来源于北京市杜仲公园，通过嫁接方式保存于中国林科院经济林研究所原阳国家杜仲种质资源库。

树势中庸，树姿半开张，成枝力中等，萌芽力强，节间距1.83cm。叶片椭圆形，叶缘钝齿，叶尖渐尖，基部偏形，叶片长13.75cm，叶片宽7.54cm，叶面积66.96cm²，叶柄长1.67cm。

雄花呈绿色，在苞腋内簇生，有2～3mm长的短梗，花药条形。雄花序直径2.10m，雄花序高度1.86cm，雄蕊长度1.10cm，每花簇雄蕊数69枚，千蕊重6.39g。

雄花花簇及雄蕊

  开花枝

叶形

花期树形

10378X

　　母树来源于北京市杜仲公园，通过嫁接方式保存于中国林科院经济林研究所原阳国家杜仲种质资源库。

　　树势强，树姿直立，成枝力中等，萌芽力中等，节间距2.38cm。叶片倒卵形，叶缘牙齿，叶尖渐尖，基部圆形，叶片长14.40cm，叶片宽7.00cm，叶面积66.39cm²，叶柄长1.69cm。

　　雄蕊先端呈浅红色，在苞腋内簇生，有2～3mm长的短梗，花药条形。雄花序直径2.37cm，雄花序高度2.53cm，雄蕊长度1.05cm，每花簇雄蕊数118枚，千蕊重6.83g。

🌱 雄花花簇及雄蕊

🌱 开花枝

🌱 叶形

🌱 花期树形

10380X

母树来源于北京市杜仲公园，通过嫁接方式保存于中国林科院经济林研究所原阳国家杜仲种质资源库。

树势弱，树姿半开张，成枝力中等，萌芽力弱，节间距2.12cm。叶片椭圆形，叶缘钝齿，叶尖尾尖，基部偏形，叶片长11.10cm，叶片宽4.85cm，叶面积32.48cm²，叶柄长1.01cm。

雄花期晚，雄花呈绿色，在苞腋内簇生，有2～3mm长的短梗，花药条形。雄花序直径2.09cm，雄花序高度2.24cm，雄蕊长度1.23cm，每花簇雄蕊数101枚，千蕊重7.48g。

🌱 雄花花簇及雄蕊

🌱 开花枝

🌱 叶形

🌱 花期树形

10388X

　　母树来源于北京市杜仲公园，通过嫁接方式保存于中国林科院经济林研究所原阳国家杜仲种质资源库。

　　树势中庸，树姿开张，成枝力强，萌芽力中等，节间距2.26cm。叶片阔卵形，叶缘锯齿，叶尖尾尖，基部心形，叶片长13.27cm，叶片宽7.21cm，叶面积60.78cm^2，叶柄长1.60cm。

　　雄蕊先端呈浅红色，在苞腋内簇生，有2～3mm长的短梗，花药条形。雄花序直径2.33cm，雄花序高度2.21cm，雄蕊长度1.07cm，每花簇雄蕊数121枚，千蕊重7.37g。

🌱 雄花花簇及雄蕊

🌱 开花枝

🌱 叶形

🌱 花期树形

10393X

母树来源于北京市杜仲公园，通过嫁接方式保存于中国林科院经济林研究所原阳国家杜仲种质资源库。

树势中庸，树姿半开张，成枝力强，萌芽力中等，节间距1.35cm。叶片椭圆形，叶缘牙齿，叶尖锐尖，基部偏形，叶片长12.38cm，叶片宽5.84cm，叶面积45.64cm²，叶柄长1.66cm。

雄蕊先端呈浅红色，在苞腋内簇生，有2～3mm长的短梗，花药条形。雄花序直径1.82cm，雄花序高度1.59cm，雄蕊长度1.09cm，每花簇雄蕊数74枚，千蕊重5.47g。

🌿 雄花花簇及雄蕊

🌿 开花枝

🌿 叶形

🌿 花期树形

10419X

母树来源于贵州省遵义市，通过嫁接方式保存于中国林科院经济林研究所原阳国家杜仲种质资源库。

树势中庸，树姿开张，成枝力中等，萌芽力强，节间距2.30cm。叶片披针形，叶缘钝齿，叶尖尾尖，基部圆形，叶片长13.28cm，叶片宽5.52cm，叶面积47.63cm²，叶柄长1.50cm。

雄蕊先端呈紫红色，在苞腋内簇生，有2～3mm长的短梗，花药条形，花丝极短。雄花序直径1.48cm，雄花序高度1.52cm，雄蕊长度0.99cm，每花簇雄蕊数83枚，千蕊重5.13g。

🌱 雄花花簇及雄蕊

🌱 开花枝

🌱 叶形

🌱 花期树形

10439X

母树来源于河南省汝阳县，通过嫁接方式保存于中国林科院经济林研究所原阳国家杜仲种质资源库。

树势中庸，树姿半开张，成枝力弱，萌芽力强，节间距2.52cm。叶片阔椭圆形，叶缘锯齿，叶尖渐尖，基部偏形，叶片长13.29cm，叶片宽5.67cm，叶面积46.76cm²，叶柄长1.81cm。

雄蕊中上部呈紫红色，在苞腋内簇生，有2~3mm长的短梗，花药条形。雄花序直径2.01cm，雄花序高度2.20cm，雄蕊长度1.12cm，每花簇雄蕊数89枚，千蕊重7.22g。

🌱 雄花花簇及雄蕊

🌱 开花枝

🌱 叶形

🌱 花期树形

10446X

　　母树来源于河南省商丘市，通过嫁接方式保存于中国林科院经济林研究所原阳国家杜仲种质资源库。

　　树势强，树姿直立，成枝力强，萌芽力强，节间距2.48cm。叶片椭圆形，叶缘锯齿，叶尖尾尖，基部偏形，叶片长16.07cm，叶片宽9.59cm，叶面积103.89cm²，叶柄长2.51cm。

　　雄蕊先端呈紫红色，在苞腋内簇生，有2～3mm长的短梗，花药条形。雄花序直径1.98cm，雄花序高度1.82cm，雄蕊长度1.05cm，每花簇雄蕊数65枚，千蕊重6.43g。

🌿 雄花花簇及雄蕊

🌿 开花枝组

🌿 叶形

🌿 花期树形

10452X

母树来源于河南省商丘市，通过嫁接方式保存于中国林科院经济林研究所原阳国家杜仲种质资源库。

树势中庸，树姿直立，成枝力弱，萌芽力强，节间距2.47cm。叶片卵圆形，叶缘锯齿，叶尖尾尖，基部心形，叶片长12.25cm，叶片宽6.90cm，叶面积58.50cm²，叶柄长1.76cm。

雄蕊先端呈浅红色，在苞腋内簇生，有2～3mm长的短梗，花药条形。雄花序直径2.26cm，雄花序高度2.31cm，雄蕊长度1.10cm，每花簇雄蕊数58枚，千蕊重6.29g。

🌱 雄花花簇及雄蕊

🌱 开花枝

🌱 叶形

🌱 花期树形

10456X

  母树来源于河南省商丘市，通过嫁接方式保存于中国林科院经济林研究所原阳国家杜仲种质资源库。

  树势中庸，树姿直立，成枝力中等，萌芽力强，节间距2.04cm。叶片阔椭圆形，叶缘钝齿，叶尖渐尖，基部心形，叶片长13.32cm，叶片宽7.40cm，叶面积68.20cm²，叶柄长2.13cm。

  雄蕊先端呈紫红色，在苞腋内簇生，有2～3mm长的短梗，花药条形。雄花序直径2.05cm，雄花序高度1.91cm，雄蕊长度1.32cm，每花簇雄蕊数73枚，千蕊重6.97g。

🌿 雄花花簇及雄蕊

🌿 开花枝

🌿 叶形

🌿 花期树形

10457X

　　母树来源于河南省商丘市，通过嫁接方式保存于中国林科院经济林研究所原阳国家杜仲种质资源库。

　　树势强，树姿半开张，成枝力强，萌芽力强，节间距2.17cm。叶片椭圆形，叶缘钝齿，叶尖尾尖，基部偏形，叶片长13.47cm，叶片宽6.62cm，叶面积55.88cm²，叶柄长1.34cm。

　　雄蕊呈紫红色，在苞腋内簇生，有2～3mm长的短梗，花药条形。雄花序直径2.21cm，雄花序高度2.39cm，雄蕊长度1.27cm，每花簇雄蕊数94枚，千蕊重7.04g。

🌿 雄花花簇及雄蕊

🌿 开花枝

🌿 叶形

🌿 花期树形

10459X

母树来源于河南省商丘市,通过嫁接方式保存于中国林科院经济林研究所原阳国家杜仲种质资源库。

树势中庸,树姿半开张,成枝力中等,萌芽力强,节间距2.20cm。叶片倒卵形,叶缘锯齿,叶尖尾尖,基部偏形,叶片长13.39cm,叶片宽6.77cm,叶面积60.91cm^2,叶柄长1.37cm。

雄蕊呈绿色,在苞腋内簇生,有2～3mm长的短梗,花药条形。雄花序直径2.08cm,雄花序高度1.98cm,雄蕊长度1.15cm,每花簇雄蕊数90枚,千蕊重6.85g。

雄花花簇及雄蕊

 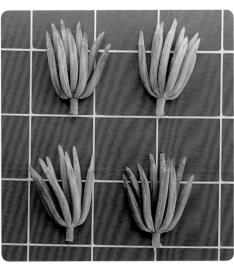 开花枝

叶形

 花期树形

10461X

　　母树来源于河南省商丘市，通过嫁接方式保存于中国林科院经济林研究所原阳国家杜仲种质资源库。

　　树势中庸，树姿半开张，成枝力中等，萌芽力强，节间距2.49cm。叶片长椭圆形，叶缘锯齿，叶尖尾尖，基部偏形，叶片长18.12cm，叶片宽8.79cm，叶面积103.31cm²，叶柄长2.33cm。

　　雄蕊先端呈浅红色，在苞腋内簇生，有2～3mm长的短梗，花药条形。雄花序直径1.93cm，雄花序高度2.21cm，雄蕊长度1.27cm，每花簇雄蕊数79枚，千蕊重6.85g。

🌱 雄花花簇及雄蕊

🌱 开花枝

🌱 叶形

🌱 花期树形

10469X

　　母树来源于河南省商丘市，通过嫁接方式保存于中国林科院经济林研究所原阳国家杜仲种质资源库。

　　树势中庸，树姿半开张，成枝力中等，萌芽力强，节间距2.60cm。叶片阔椭圆形，叶缘钝齿，叶尖尾尖，基部心形，叶片长13.39cm，叶片宽6.31cm，叶面积56.65cm²，叶柄长1.89cm。

　　雄蕊先端呈浅红色，在苞腋内簇生，有2～3mm长的短梗，花药条形。雄花序直径2.55cm，雄花序高度2.85cm，雄蕊长度1.43cm，每花簇雄蕊数114枚，千蕊重8.06g。

雄花花簇及雄蕊

开花枝

叶形

花期树形

10484X

　　母树来源于江苏省响水县，通过嫁接方式保存于中国林科院经济林研究所原阳国家杜仲种质资源库。

　　树势强，树姿半开张，成枝力中等，萌芽力中等，节间距2.19cm。叶片椭圆形，叶缘锯齿，叶尖尾尖，基部楔形，叶片长13.68cm，叶片宽6.68cm，叶面积58.29cm²，叶柄长1.48cm。

　　雄蕊先端呈紫红色，在苞腋内簇生，有2～3mm长的短梗，花药条形。雄花序直径1.47cm，雄花序高度1.76cm，雄蕊长度0.93cm，每花簇雄蕊数64枚，千蕊重5.24g。

🌱 雄花花簇及雄蕊

🌱 开花枝

🌱 叶形

🌱 花期树形

10489X

　　母树来源于江苏省响水县，通过嫁接方式保存于中国林科院经济林研究所原阳国家杜仲种质资源库。

　　树势强，树姿直立，成枝力中等，萌芽力中等，节间距2.46cm。叶片阔椭圆形，叶缘锯齿，叶尖渐尖，基部圆形，叶片长13.78cm，叶片宽7.61cm，叶面积71.66cm²，叶柄长2.23cm。

　　雄蕊呈绿色，在苞腋内簇生，有2～3mm长的短梗，花药条形。雄花序直径2.02cm，雄花序高度1.88cm，雄蕊长度1.14cm，每花簇雄蕊数68枚，千蕊重6.02g。

❧ 雄花花簇及雄蕊

❧ 开花枝

❧ 叶形

❧ 花期树形

10501X

母树来源于河南省洛阳市，通过嫁接方式保存于中国林科院经济林研究所原阳国家杜仲种质资源库。

树势强，树姿直立，成枝力中等，萌芽力中等，节间距2.46cm。叶片卵形，叶缘钝齿，叶尖渐尖，基部心形，叶片长14.54cm，叶片宽6.86cm，叶面积68.10cm²，叶柄长2.06cm。

雄蕊先端呈紫红色，在苞腋内簇生，有2～3mm长的短梗，花药条形。雄花序直径2.13cm，雄花序高度2.63cm，雄蕊长度1.70cm，每花簇雄蕊数60枚，千蕊重7.94g。

雄花花簇及雄蕊

开花枝

叶形

花期树形

10516X

　　母树来源于河南省洛阳市，通过嫁接方式保存于中国林科院经济林研究所原阳国家杜仲种质资源库。

　　树势中庸，树姿直立，成枝力中等，萌芽力中等，节间距1.91cm。叶片椭圆形，叶缘锯齿，叶尖渐尖，基部心形，叶片长12.28cm，叶片宽5.91cm，叶面积49.37cm²，叶柄长1.71cm。

　　雄蕊先端呈浅红色，在苞腋内簇生，有2～3mm长的短梗，花药条形。雄花序直径2.26cm，雄花序高度2.15cm，雄蕊长度1.29cm，每花簇雄蕊数44枚，千蕊重7.42g。

雄花花簇及雄蕊

开花枝

叶形

花期树形

10519X

母树来源于河南省洛阳市，通过嫁接方式保存于中国林科院经济林研究所原阳国家杜仲种质资源库。

树势中庸，树姿直立，成枝力强，萌芽力强，节间距2.11cm。叶片椭圆形，叶缘锯齿，叶尖尾尖，基部心形，叶片长15.14cm，叶片宽7.61cm，叶面积78.18cm²，叶柄长1.86cm。

雄蕊先端呈浅红色，在苞腋内簇生，有2～3mm长的短梗，花药条形。雄花序直径2.69cm，雄花序高度2.31cm，雄蕊长度1.15cm，每花簇雄蕊数91枚，千蕊重7.21g。

 雄花花簇及雄蕊

开花枝

叶形

花期树形

10536X

　　母树来源于河南省洛阳市，通过嫁接方式保存于中国林科院经济林研究所原阳国家杜仲种质资源库。

　　树势强，树姿直立，成枝力强，萌芽力强，节间距1.81cm。叶片椭圆形，叶缘锯齿，叶尖渐尖，基部偏形，叶片长13.88cm，叶片宽6.52cm，叶面积59.86cm²，叶柄长1.74cm。

　　雄蕊先端呈浅红色，在苞腋内簇生，有2～3mm长的短梗，花药条形。雄花序直径1.95cm，雄花序高度2.02cm，雄蕊长度1.07cm，每花簇雄蕊数92枚，千蕊重6.75g。

🍃 雄花花簇及雄蕊

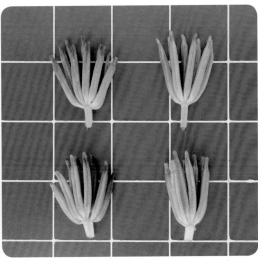

🍃 开花枝

🍃 叶形

🍃 花期树形

10538X

母树来源于河南省洛阳市，通过嫁接方式保存于中国林科院经济林研究所原阳国家杜仲种质资源库。

树势强，树姿直立，成枝力中等，萌芽力中等，节间距2.31cm。叶片倒卵形，叶缘钝齿，叶尖尾尖，基部偏形，叶片长12.43cm，叶片宽5.87cm，叶面积48.17cm²，叶柄长1.42cm。

雄蕊先端呈浅红色，在苞腋内簇生，有2～3mm长的短梗，花药条形。雄花序直径2.11cm，雄花序高度2.28cm，雄蕊长度1.22cm，每花簇雄蕊数95枚，千蕊重6.95g。

 雄花花簇及雄蕊

开花枝

叶形

花期树形

10540X

母树来源于河南省洛阳市，通过嫁接方式保存于中国林科院经济林研究所原阳国家杜仲种质资源库。

树势中庸，树姿半开张，成枝力中等，萌芽力中等，节间距1.55cm。叶片倒卵形，叶缘锯齿，叶尖尾尖，基部楔形，叶片长13.54cm，叶片宽6.62cm，叶面积57.59cm²，叶柄长1.80cm。

雄蕊先端呈紫红色，在苞腋内簇生，有2～3mm长的短梗，花药条形。雄花序直径2.36cm，雄花序高度2.11cm，雄蕊长度1.14cm，每花簇雄蕊数103枚，千蕊重6.61g。

🌱 雄花花簇及雄蕊

🌱 开花枝

🌱 叶形

🌱 花期树形

10552X

母树来源于河南省洛阳市，通过嫁接方式保存于中国林科院经济林研究所原阳国家杜仲种质资源库。

树势中庸，树姿半开张，成枝力弱，萌芽力中等，节间距2.37cm。叶片椭圆形，叶缘钝齿，叶尖尾尖，基部圆形，叶片长12.88cm，叶片宽5.39cm，叶面积44.71cm²，叶柄长1.54cm。

雄蕊先端呈紫红色，在苞腋内簇生，有2～3mm长的短梗，花药条形。雄花序直径2.01cm，雄花序高度2.34cm，雄蕊长度1.04cm，每花簇雄蕊数119枚，千蕊重6.25g。

❧ 雄花花簇及雄蕊

❧ 开花枝

❧ 叶形

❧ 花期树形

10561X

母树来源于河南省洛阳市，通过嫁接方式保存于中国林科院经济林研究所原阳国家杜仲种质资源库。

树势强，树姿直立，成枝力中等，萌芽力强，节间距2.11cm。叶片披针形，叶缘钝齿，叶尖尾尖，基部楔形，叶片长14.67cm，叶片宽6.69cm，叶面积65.71cm²，叶柄长2.17cm。

雄蕊先端呈紫红色，在苞腋内簇生，有2～3mm长的短梗，花药条形。雄花序直径2.65cm，雄花序高度1.95cm，雄蕊长度1.05cm，每花簇雄蕊数101枚，千蕊重6.43g。

🍂 雄花花簇及雄蕊

🍂 开花枝

🍂 叶形

🍂 花期树形

10576X

　　母树来源于河南省洛阳市，通过嫁接方式保存于中国林科院经济林研究所原阳国家杜仲种质资源库。

　　树势中庸，树姿半开张，成枝力中等，萌芽力中等，节间距2.51cm。叶片椭圆形，叶缘钝齿，叶尖尾尖，基部圆形，叶片长12.94cm，叶片宽6.69cm，叶面积56.23cm²，叶柄长1.60cm。

　　雄花呈绿色，在苞腋内簇生，有2～3mm长的短梗，花药条形。雄花序直径2.05cm，雄花序高度1.84cm，雄蕊长度1.04cm，每花簇雄蕊数78枚，千蕊重5.97g。

🌱 雄花花簇及雄蕊

🌱 开花枝

🌱 叶形

🌱 花期树形

10580X

　　母树来源于河南省洛阳市，通过嫁接方式保存于中国林科院经济林研究所原阳国家杜仲种质资源库。

　　树势中庸，树姿半开张，成枝力弱，萌芽力中等，节间距2.55cm。叶片椭圆形，叶缘钝齿，叶尖尾尖，基部偏形，叶片长16.37cm，叶片宽6.30cm，叶面积71.36cm²，叶柄长1.66cm。

　　雄蕊中上部呈紫红色，在苞腋内簇生，有2～3mm长的短梗，花药条形。雄花序直径2.41cm，雄花序高度2.24cm，雄蕊长度1.13cm，每花簇雄蕊数116枚，千蕊重6.59g。

🌱 雄花花簇及雄蕊

🌱 开花枝

🌱 叶形

🌱 花期树形

10590X

母树来源于河南省洛阳市，通过嫁接方式保存于中国林科院经济林研究所原阳国家杜仲种质资源库。

树势强，树姿半开张，枝条扭曲，成枝力强，萌芽力强，节间距2.55cm。叶片长椭圆形，叶缘钝齿，叶尖尾尖，基部楔形，叶片长17.50cm，叶片宽7.29cm，叶面积83.15cm²，叶柄长1.51cm。

雄蕊先端呈浅红色，在苞腋内簇生，有2～3mm长的短梗，花药条形。雄花序直径2.21cm，雄花序高度2.03cm，雄蕊长度1.14cm，每花簇雄蕊数80枚，千蕊重6.52g。

🌱 雄花花簇及雄蕊

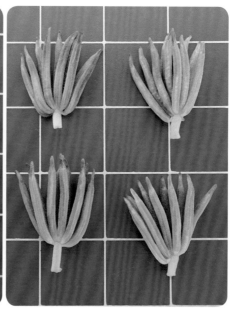

🌱 开花枝

🌱 叶形

🌱 花期树形

11004X

　　母树来源于新疆维吾尔自治区阿克苏市，通过嫁接方式保存于中国林科院经济林研究所原阳国家杜仲种质资源库。

　　树势中庸，树姿直立，成枝力中等，萌芽力中等，节间距2.85cm。叶片椭圆形，叶缘锯齿，叶尖尾尖，基部楔形，叶片长14.09cm，叶片宽6.36cm，叶面积60.87cm^2，叶柄长1.82cm。

　　雄花呈绿色，在苞腋内簇生，有2～3mm长的短梗，花药条形。雄花序直径2.01cm，雄花序高度1.93cm，雄蕊长度1.30cm，每花簇雄蕊数59枚，千蕊重6.81g。

🍃 雄花花簇及雄蕊

🍃 开花枝

🍃 叶形

🍃 花期树形

11005X

　　母树来源于新疆维吾尔自治区阿克苏市，通过嫁接方式保存于中国林科院经济林研究所原阳国家杜仲种质资源库。

　　树势强，树姿直立，成枝力中等，萌芽力中等，节间距1.76cm。叶片椭圆形，叶缘钝齿，叶尖尾尖，基部楔形，叶片长15.28cm，叶片宽6.59cm，叶面积63.18cm²，叶柄长1.61cm。

　　雄花呈绿色，在苞腋内簇生，有2～3mm长的短梗，花药条形。雄花序直径2.42cm，雄花序高度2.21cm，雄蕊长度1.43cm，每花簇雄蕊数68枚，千蕊重7.05g。

雄花花簇及雄蕊

开花枝

叶形

花期树形

11033X

　　母树来源于四川省广元市，通过嫁接方式保存于中国林科院经济林研究所原阳国家杜仲种质资源库。

　　树势强，树姿直立，成枝力中等，萌芽力中等，节间距2.69cm。叶片椭圆形，叶缘钝齿，叶尖尾尖，基部楔形，叶片长14.52cm，叶片宽7.18cm，叶面积69.01cm²，叶柄长1.49cm。

　　雄蕊中上部呈浅红色，在苞腋内簇生，有2～3mm长的短梗，花药条形。雄花序直径2.31cm，雄花序高度2.21cm，雄蕊长度1.35cm，每花簇雄蕊数90枚，千蕊重6.72g。

雄花花簇及雄蕊

 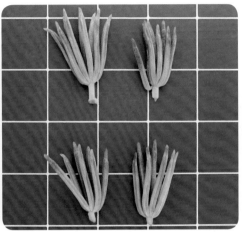

开花枝

叶形

花期树形

11035X

母树来源于四川省广元市，通过嫁接方式保存于中国林科院经济林研究所原阳国家杜仲种质资源库。

树势中庸，树姿半开张，成枝力强，萌芽力中等，节间距2.75cm。叶片椭圆形，叶缘锯齿，叶尖尾尖，基部偏形，叶片长16.07cm，叶片宽7.01cm，叶面积74.32cm²，叶柄长2.11cm。

雄蕊先端呈浅红色，在苞腋内簇生，有2～3mm长的短梗，花药条形。雄花序直径2.16cm，雄花序高度1.81cm，雄蕊长度1.13cm，每花簇雄蕊数59枚，千蕊重6.38g。

雄花花簇及雄蕊

开花枝

叶形

花期树形

11038X

　　母树来源于四川省广元市，通过嫁接方式保存于中国林科院经济林研究所原阳国家杜仲种质资源库。

　　树势强，树姿半开张，成枝力中等，萌芽力强，节间距2.81cm。叶片椭圆形，叶缘牙齿，叶尖尾尖，基部圆形，叶片长17.60cm，叶片宽7.71cm，叶面积85.55cm²，叶柄长1.59cm。

　　雄花呈绿色，在苞腋内簇生，有2～3mm长的短梗，花药条形。雄花序直径1.83cm，雄花序高度1.94cm，雄蕊长度0.91cm，每花簇雄蕊数61枚，千蕊重5.35g。

🌿 雄花花簇及雄蕊

🌿 开花枝

🌿 叶形

🌿 花期树形

11041X

母树来源于四川省广元市，通过嫁接方式保存于中国林科院经济林研究所原阳国家杜仲种质资源库。

树势强，树姿直立，成枝力中等，萌芽力强，节间距2.16cm。叶片椭圆形，叶缘锯齿，叶尖尾尖，基部楔形，叶片长15.84cm，叶片宽7.65cm，叶面积77.23cm²，叶柄长2.21cm。

雄蕊先端呈浅红色，在苞腋内簇生，有2～3mm长的短梗，花药条形。雄花序直径2.09cm，雄花序高度1.98cm，雄蕊长度1.27cm，每花簇雄蕊数92枚，千蕊重6.30g。

雄花花簇及雄蕊

开花枝

叶形

花期树形

11042X

　　母树来源于四川省广元市，通过嫁接方式保存于中国林科院经济林研究所原阳国家杜仲种质资源库。

　　树势强，树姿半开张，成枝力强，萌芽力强，节间距2.03cm。叶片阔椭圆形，叶缘钝齿，叶尖尾尖，基部偏形，叶片长13.27cm，叶片宽6.57cm，叶面积54.02cm²，叶柄长1.59cm。

　　雄花呈绿色，在苞腋内簇生，有2～3mm长的短梗，花药条形。雄花序直径2.05cm，雄花序高度1.90cm，雄蕊长度1.26cm，每花簇雄蕊数104枚，千蕊重7.21g。

🍃 雄花花簇及雄蕊

 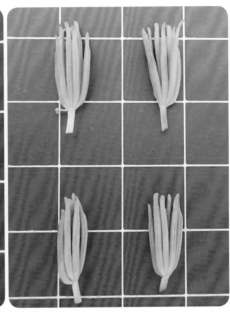

🍃 开花枝

🍃 叶形

🍃 花期树形

11059X

母树来源于山西省运城市，通过嫁接方式保存于中国林科院经济林研究所原阳国家杜仲种质资源库。

树势强，树姿直立，成枝力弱，萌芽力中等，节间距2.24cm。叶片椭圆形，叶缘钝齿，叶尖尾尖，基部楔形，叶片长14.49cm，叶片宽6.65cm，叶面积62.01cm²，叶柄长1.32cm。

雄花呈绿色，在苞腋内簇生，有2~3mm长的短梗，花药条形。雄花序直径2.21cm，雄花序高度2.34cm，雄蕊长度1.23cm，每花簇雄蕊数80枚，千蕊重6.58g。

🌱 雄花花簇及雄蕊

🌱 开花枝

🌱 叶形

🌱 花期树形

11063X

　　母树来源于河南省洛阳市，通过嫁接方式保存于中国林科院经济林研究所原阳国家杜仲种质资源库。

　　树势强，树姿半开张，成枝力中等，萌芽力强，节间距2.16cm。叶片椭圆形，叶缘圆齿，叶尖尾尖，基部楔形，叶片长14.79cm，叶片宽7.19cm，叶面积68.81cm²，叶柄长2.02cm。

　　雄花呈绿色，在苞腋内簇生，有2～3mm长的短梗，花药条形。雄花序直径2.30cm，雄花序高度2.29cm，雄蕊长度1.37cm，每花簇雄蕊数60枚，千蕊重6.82g。

雄花花簇及雄蕊

开花枝

叶形

花期树形

11064X

母树来源于河南省洛阳市，通过嫁接方式保存于中国林科院经济林研究所原阳国家杜仲种质资源库。

树势强，树姿直立，成枝力弱，萌芽力中等，节间距2.18cm。叶片椭圆形，叶缘钝齿，叶尖尾尖，基部楔形，叶片长16.94cm，叶片宽8.49cm，叶面积93.02cm²，叶柄长1.54cm。

雄花呈绿色，在苞腋内簇生，有2～3mm长的短梗，花药条形。雄花序直径3.03cm，雄花序高度2.89cm，雄蕊长度1.47cm，每花簇雄蕊数108枚，千蕊重7.35g。

🌿 雄花花簇及雄蕊

🌿 开花枝

🌿 叶形

🌿 花期树形

11089X

母树来源于河南省商丘市，通过嫁接方式保存于中国林科院经济林研究所原阳国家杜仲种质资源库。

树势中庸，树姿半开张，成枝力中等，萌芽力强，节间距3.02cm。叶片长椭圆形，叶缘牙齿，叶尖尾尖，基部偏形，叶片长16.76cm，叶片宽7.85cm，叶面积84.06cm²，叶柄长1.72cm。

雄花呈绿色，在苞腋内簇生，有2～3mm长的短梗，花药条形。雄花序直径2.36cm，雄花序高度2.07cm，雄蕊长度1.33cm，每花簇雄蕊数97枚，千蕊重6.75g。

雄花花簇及雄蕊

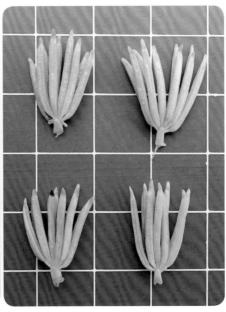

开花枝

叶形

花期树形

12001X

母树来源于湖北神农架，通过嫁接方式保存于中国林科院经济林研究所原阳国家杜仲种质资源库。

树势中庸，树姿开张，成枝力中等，萌芽力中等，节间距2.02cm。叶片长椭圆形，叶缘圆齿，叶尖尾尖，基部楔形，叶片长16.37cm，叶片宽6.02cm，叶面积69.82cm²，叶柄长1.87cm。

雄蕊中上部呈紫红色，在苞腋内簇生，有2～3mm长的短梗，花药条形。雄花序直径2.11cm，雄花序高度1.93cm，雄蕊长度0.92cm，每花簇雄蕊数79枚，千蕊重5.32g。

雄花花簇及雄蕊

开花枝

叶形

花期树形

12004X

母树来源于湖北神农架，通过嫁接方式保存于中国林科院经济林研究所原阳国家杜仲种质资源库。

树势中庸，树姿开张，成枝力中等，萌芽力中等，节间距2.48cm。叶片卵形，叶缘钝齿，叶尖尾尖，基部偏形，叶片长14.46cm，叶片宽6.67cm，叶面积59.16cm²，叶柄长1.53cm。

雄蕊先端呈浅红色，在苞腋内簇生，有2~3mm长的短梗，花药条形。雄花序直径1.63cm，雄花序高度1.93cm，雄蕊长度1.32cm，每花簇雄蕊数76枚，千蕊重6.31g。

🌿 雄花花簇及雄蕊

🌿 开花枝

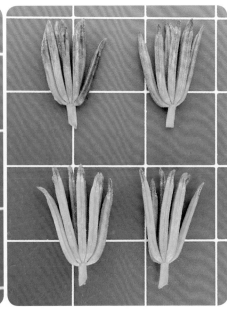

🌿 叶形

🌿 花期树形

12008X

母树来源于山东省济南市，通过嫁接方式保存于中国林科院经济林研究所原阳国家杜仲种质资源库。

树势中庸，树姿半开张，成枝力中等，萌芽力中等，节间距2.34cm。叶片椭圆形，叶缘锯齿，叶尖尾尖，基部偏形，叶片长10.13cm，叶片宽6.03cm，叶面积42.89cm²，叶柄长1.48cm。

雄花呈绿色，在苞腋内簇生，有2～3mm长的短梗，花药条形。雄花序直径1.83cm，雄花序高度1.91cm，雄蕊长度1.33cm，每花簇雄蕊数77枚，千蕊重6.36g。

🌱 雄花花簇及雄蕊

🌱 开花枝

🌱 叶形

🌱 花期树形

13001X

　　母树来源于天津市蓟州区，通过嫁接方式保存于中国林科院经济林研究所原阳国家杜仲种质资源库。

　　树势中庸，树姿半开张，成枝力中等，萌芽力中等，节间距2.06cm。叶片阔椭圆形，叶缘锯齿，叶尖渐尖，基部心形，叶片长13.50cm，叶片宽7.96cm，叶面积69.82cm²，叶柄长1.38cm。

　　雄蕊先端呈浅红色，在苞腋内簇生，有2～3mm长的短梗，花药条形。雄花序直径2.57cm，雄花序高度2.65cm，雄蕊长度1.36cm，每花簇雄蕊数120枚，千蕊重7.58g。

🌱 雄花花簇及雄蕊

🌱 开花枝

🌱 叶形

🌱 花期树形

13004X

　　母树来源于天津市蓟州区，通过嫁接方式保存于中国林科院经济林研究所原阳国家杜仲种质资源库。

　　树势中庸，树姿直立，成枝力中等，萌芽力强，节间距2.28cm。叶片椭圆形，叶缘钝齿，叶尖尾尖，基部偏形，叶片长15.11cm，叶片宽6.85cm，叶面积67.07cm²，叶柄长1.20cm。

　　雄蕊先端呈浅红色，在苞腋内簇生，有2～3mm长的短梗，花药条形。雄花序直径2.16cm，雄花序高度2.34cm，雄蕊长度1.19cm，每花簇雄蕊数96枚，千蕊重6.56g。

🌱 雄花花簇及雄蕊

🌱 开花枝

🌱 叶形

🌱 花期树形

13101X

母树来源于浙江省杭州市，通过嫁接方式保存于中国林科院经济林研究所原阳国家杜仲种质资源库。

树势中庸，树姿直立，成枝力中等，萌芽力中等，节间距2.30cm。叶片椭圆形，叶缘锯齿，叶尖尾尖，基部偏形，叶片长13.41cm，叶片宽6.82cm，叶面积60.46cm²，叶柄长1.42cm。

雄蕊先端呈紫红色，在苞腋内簇生，有2～3mm长的短梗，花药条形。雄花序直径2.02cm，雄花序高度2.18cm，雄蕊长度0.98cm，每花簇雄蕊数115枚，千蕊重5.92g。

🌱 雄花花簇及雄蕊

🌱 开花枝

🌱 叶形

🌱 花期树形

13133X

母树来源于河南省延津县，通过嫁接方式保存于中国林科院经济林研究所原阳国家杜仲种质资源库。

树势中庸，树姿直立，成枝力中等，萌芽力中等，节间距2.25cm。叶片椭圆形，叶缘锯齿，叶尖尾尖，基部偏形，叶片长12.40cm，叶片宽6.15cm，叶面积53.08cm²，叶柄长1.92cm。

雄花呈绿色，在苞腋内簇生，有2～3mm长的短梗，花药条形。雄花序直径2.12cm，雄花序高度1.89cm，雄蕊长度1.05cm，每花簇雄蕊数79枚，千蕊重7.28g。

🌱 雄花花簇及雄蕊

🌱 开花枝

🌱 叶形

🌱 花期树形

13137X

2013年秋季从美国佐治亚州采集杜仲种子，2014年春季播种，2021年开始开花。

树势强，树姿直立，成枝力中等，萌芽力中等，节间距2.01cm。叶片呈不规则椭圆形，叶缘锯齿，叶尖尾尖，基部偏形，叶片长14.06cm，叶片宽6.10cm，叶面积47.82cm²，叶柄长1.94cm。

雄花先端呈紫红色，在苞腋内簇生，有2～3mm长的短梗，花药条形。雄花序直径2.31cm，雄花序高度1.85cm，雄蕊长度1.20cm，每花簇雄蕊数37枚，千蕊重6.08g。

雄花花簇及雄蕊

开花枝

叶形

花期树形

EU4-001

通过诱变育种获得的四倍体种质，以嫁接方式保存于中国林科院经济林研究所原阳国家杜仲种质资源库。

树势强，树姿直立，成枝力中等，萌芽力弱，节间距2.13cm。叶片卵状椭圆，叶缘锯齿，叶尖尾尖，基部偏形，叶片长15.75cm，叶片宽8.28cm，叶面积76.17cm^2，叶柄长1.82cm。

雄花先端呈紫红色，在苞腋内簇生，有2～3mm长的短梗，花药条形。雄花序直径1.85cm，雄花序高度1.72cm，雄蕊长度1.05cm，每花簇雄蕊数40枚，千蕊重6.14g。

雄花花簇及雄蕊

开花枝

叶形

花期树形

仲杂003

  2015年春季，选择10096X作为父本，10504C作为母本进行杂交，当年10月收获杂交种子，2016年春季播种，2021年杂交子代开始开花。

  树势强，树姿直立，成枝力中等，萌芽力中等，节间距1.83cm。叶片椭圆形，叶缘锯齿，叶尖尾尖，基部心形，叶片长11.86cm，叶片宽5.92cm，叶面积41.48cm²，叶柄长2.03cm。

  雄蕊中上部呈紫红色，在苞腋内簇生，有2～3mm长的短梗，花药条形。雄花序直径2.01cm，雄花序高度1.95cm，雄蕊长度1.03cm，每花簇雄蕊数70枚，千蕊重5.48g。

🍂 雄花花簇及雄蕊

🍂 开花枝

🍂 叶形

🍂 树形

仲杂005

2016年春季，选择11034X作为父本，10137C作为母本进行杂交，当年10月收获杂交种子，2017年春季播种，2021年杂交子代开始开花。

树势强，树姿直立，成枝力中等，萌芽力中等，节间距1.68cm。叶片椭圆形，叶缘锯齿，叶尖尾尖，基部偏形，叶片长13.03cm，叶片宽6.84cm，叶面积56.42cm^2，叶柄长1.98cm。

雄蕊中上部呈紫红色，在苞腋内簇生，有2～3mm长的短梗，花药条形。雄花序直径2.08cm，雄花序高度1.98cm，雄蕊长度1.30cm，每花簇雄蕊数76枚，千蕊重6.30g。

🌱 雄花花簇及雄蕊

🌱 开花枝

🌱 叶形

🌱 树形

2.2 优良无性系

10070X

　　母树来源于河北省安国市，通过嫁接方式保存于中国林科院经济林研究所原阳国家杜仲种质资源库。

　　树势中庸，树姿半开张，成枝力强，萌芽力强，节间距1.84cm。叶片椭圆形，叶缘锯齿，叶尖尾尖，基部偏形，叶片长15.96cm，叶片宽7.70cm，叶面积82.30cm²，叶柄长1.82cm。

　　雄蕊中上部呈紫红色，在苞腋内簇生，有2～3mm长的短梗，花药条形。雄花序直径3.02cm，雄花序高度2.71cm，雄蕊长度1.03cm，每花簇雄蕊数136枚，千蕊重6.36g。

雄花花簇及雄蕊

开花枝

叶形

花期树形

10082X

母树来源于河北省安国市，通过嫁接方式保存于中国林科院经济林研究所原阳国家杜仲种质资源库。

树势强，树姿半开张，成枝力强，萌芽力强，节间距1.92cm。叶片椭圆形，叶缘锯齿，叶尖渐尖，基部偏形，叶片长14.65cm，叶片宽7.39cm，叶面积72.70cm²，叶柄长1.70cm。

雄花呈绿色，在苞腋内簇生，有2~3mm长的短梗，花药条形。雄花序直径2.53cm，雄花序高度3.01cm，雄蕊长度1.30cm，每花簇雄蕊数120枚，千蕊重7.15g。

🌿 雄花花簇及雄蕊

🌿 开花枝

🌿 叶形

🌿 花期树形

10110X

母树来源于北京市万泉河路，通过嫁接方式保存于中国林科院经济林研究所原阳国家杜仲种质资源库。

树势中庸，树姿半开张，成枝力中等，萌芽力中等，节间距2.29cm。叶片椭圆形，叶缘钝齿，叶尖尾尖，基部楔形，叶片长15.25cm，叶片宽7.06cm，叶面积70.14cm²，叶柄长1.42cm。

雄蕊先端呈紫红色，在苞腋内簇生，有2～3mm长的短梗，花药条形。雄花序直径2.24cm，雄花序高度2.01cm，雄蕊长度1.13cm，每花簇雄蕊数98枚，千蕊重6.18g。

🌿 雄花花簇及雄蕊

🌿 开花枝

🌿 叶形

🌿 花期树形

10289X

　　母树来源于北京市万泉河路，通过嫁接方式保存于中国林科院经济林研究所原阳国家杜仲种质资源库。

　　树势中庸，树姿开张，成枝力中等，萌芽力强，节间距1.80cm。叶片椭圆形，叶缘钝齿，叶尖尾尖，基部心形，叶片长12.34cm，叶片宽6.0cm，叶面积49.43cm²，叶柄长1.93cm。

　　雄蕊先端呈浅红色，在苞腋内簇生，有2～3mm长的短梗，花药条形。雄花序直径2.41cm，雄花序高度2.11cm，雄蕊长度1.07cm，每花簇雄蕊数70枚，千蕊重6.05g。

🌱 雄花花簇及雄蕊

🌱 开花枝

🌱 叶形

🌱 花期树形

10290X

母树来源于北京市万泉河路，通过嫁接方式保存于中国林科院经济林研究所原阳国家杜仲种质资源库。

树势中庸，树姿开张，成枝力中等，萌芽力中等，节间距1.98cm。叶片长椭圆形，叶缘钝齿，叶尖渐尖，基部楔形，叶片长14.64cm，叶片宽6.08cm，叶面积58.10cm^2，叶柄长1.40cm。

雄蕊先端呈紫红色，在苞腋内簇生，有2～3mm长的短梗，花药条形。雄花序直径2.06cm，雄花序高度1.93cm，雄蕊长度1.26cm，每花簇雄蕊数73枚，千蕊重6.28g。

雄花花簇及雄蕊

开花枝

叶形

花期树形

10305X

母树来源于北京市万泉河路，通过嫁接方式保存于中国林科院经济林研究所原阳国家杜仲种质资源库。

树势强，树姿直立，成枝力中等，萌芽力强，节间距2.34cm。叶片椭圆形，叶缘锯齿，叶尖尾尖，基部偏形，叶片长12.73cm，叶片宽5.39cm，叶面积44.90cm²，叶柄长1.35cm。

雄蕊先端呈紫红色，在苞腋内簇生，有2～3mm长的短梗，花药条形。雄花序直径2.54cm，雄花序高度2.34cm，雄蕊长度1.13cm，每花簇雄蕊数96枚，千蕊重5.92g。

🌿 雄花花簇及雄蕊

🌿 开花枝

🌿 叶形

🌿 花期树形

10346X

母树来源于北京市万泉河路，通过嫁接方式保存于中国林科院经济林研究所原阳国家杜仲种质资源库。

树势中庸，树姿半开张，成枝力中等，萌芽力中等，节间距2.05cm。叶片阔椭圆形，叶缘锯齿，叶尖锐尖，基部圆形，叶片长14.32cm，叶片宽7.04cm，叶面积65.07cm²，叶柄长1.79cm。

雄蕊先端呈紫红色，在苞腋内簇生，有2～3mm长的短梗，花药条形。雄花序直径2.46cm，雄花序高度2.35cm，雄蕊长度1.33cm，每花簇雄蕊数95枚，千蕊重7.34g。

🌿 雄花花簇及雄蕊

🌿 开花枝

🌿 叶形

🌿 花期树形

10354X

母树来源于北京市杜仲公园，通过嫁接方式保存于中国林科院经济林研究所原阳国家杜仲种质资源库。

树势强，树姿半开张，成枝力中等，萌芽力中等，节间距2.34cm。叶片倒卵形，叶缘锯齿，叶尖渐尖，基部圆形，叶片长13.25cm，叶片宽6.26cm，叶面积55.19cm²，叶柄长1.59cm。

雄蕊中上部呈紫红色，在苞腋内簇生，有2～3mm长的短梗，花药条形。雄花序直径2.02cm，雄花序高度1.93cm，雄蕊长度1.10cm，每花簇雄蕊数76枚，千蕊重6.08g。

🌿 雄花花簇及雄蕊

🌿 开花枝

🌿 叶形

🌿 花期树形

10357X

母树来源于北京市杜仲公园，通过嫁接方式保存于中国林科院经济林研究所原阳国家杜仲种质资源库。

树势强，树姿半开张，成枝力强，萌芽力强，节间距2.23cm。叶片卵形，叶缘钝齿，叶尖尾尖，基部心形，叶片长13.01cm，叶片宽5.95cm，叶面积46.51cm²，叶柄长1.53cm。

雄蕊先端呈紫红色，在苞腋内簇生，有2～3mm长的短梗，花药条形。雄花序直径2.27cm，雄花序高度2.05cm，雄蕊长度1.13cm，每花簇雄蕊数97枚，千蕊重6.13g。

雄花花簇及雄蕊

开花枝

叶形

花期树形

10358X

母树来源于北京市杜仲公园，通过嫁接方式保存于中国林科院经济林研究所原阳国家杜仲种质资源库。

树势中庸，树姿开张，成枝力中等，萌芽力中等，节间距1.73cm。叶片倒卵形，叶缘锯齿，叶尖渐尖，基部心形，叶片长10.13cm，叶片宽6.03cm，叶面积42.89cm²，叶柄长1.20cm。

雄蕊中上部呈紫红色，在苞腋内簇生，有2~3mm长的短梗，花药条形。雄花序直径1.91cm，雄花序高度2.01cm，雄蕊长度1.12cm，每花簇雄蕊数78枚，千蕊重6.20g。

🌱 雄花花簇及雄蕊

🌱 开花枝

🌱 叶形

🌱 花期树形

10373X

母树来源于北京市杜仲公园，通过嫁接方式保存于中国林科院经济林研究所原阳国家杜仲种质资源库。

树势中庸，树姿半开张，成枝力中等，萌芽力中等，节间距1.77cm。叶片椭圆形，叶缘钝齿，叶尖尾尖，基部圆形，叶片长14.70cm，叶片宽7.68cm，叶面积76.23cm²，叶柄长1.38cm。

雄蕊先端呈紫红色，在苞腋内簇生，有2～3mm长的短梗，花药条形。雄花序直径2.25cm，雄花序高度2.04cm，雄蕊长度1.01cm，每花簇雄蕊数86枚，千蕊重6.11g。

雄花花簇及雄蕊

开花枝组

叶形

花期树形

10377X

母树来源于北京市杜仲公园，通过嫁接方式保存于中国林科院经济林研究所原阳国家杜仲种质资源库。

树势强，树姿直立，成枝力强，萌芽力强，节间距1.79cm。叶片长椭圆形，叶缘锯齿，叶尖尾尖，基部圆形，叶片长13.07cm，叶片宽5.90cm，叶面积48.01cm²，叶柄长1.62cm。

雄花呈绿色，在苞腋内簇生，有2～3mm长的短梗，花药条形。雄花序直径2.18cm，雄花序高度1.95cm，雄蕊长度1.06cm，每花簇雄蕊数90枚，千蕊重6.35g。

🌱 雄花花簇及雄蕊

🌱 开花枝

🌱 叶形

🌱 花期树形

10390X

母树来源于北京市杜仲公园，通过嫁接方式保存于中国林科院经济林研究所原阳国家杜仲种质资源库。

树势中庸，树姿半开张，成枝力中等，萌芽力中等，节间距2.56cm。叶片椭圆形，叶缘钝齿，叶尖尾尖，基部心形，叶片长13.25cm，叶片宽5.94cm，叶面积50.26cm²，叶柄长1.37cm。

雄蕊先端呈紫红色，在苞腋内簇生，有2～3mm长的短梗，花药条形。雄花序直径2.81cm，雄花序高度2.51cm，雄蕊长度1.32cm，每花簇雄蕊数128枚，千蕊重7.16g。

🌱 雄花花簇及雄蕊

🌱 开花枝

🌱 叶形

🌱 花期树形

10424X

　　母树来源于贵州省遵义市，通过嫁接方式保存于中国林科院经济林研究所原阳国家杜仲种质资源库。

　　树势强，树姿直立，成枝力中等，萌芽力中等，节间距2.14cm。叶片阔卵形，叶缘锯齿，叶尖尾尖，基部圆形，叶片长12.84cm，叶片宽6.35cm，叶面积53.53cm²，叶柄长1.59cm。

　　雄花呈绿色，在苞腋内簇生，有2～3mm长的短梗，花药条形。雄花序直径2.13cm，雄花序高度2.45cm，雄蕊长度1.26cm，每花簇雄蕊数102枚，千蕊重6.95g。

雄花花簇及雄蕊

开花枝

叶形

花期树形

10445X

　　母树来源于河南省商丘市，通过嫁接方式保存于中国林科院经济林研究所原阳国家杜仲种质资源库。

　　树势强，树姿直立，成枝力中等，萌芽力中等，节间距2.30cm。叶片卵形，叶缘锯齿，叶尖尾尖，基部圆形，叶片长14.10cm，叶片宽7.15cm，叶面积67.81cm²，叶柄长2.17cm。

　　雄蕊先端呈紫红色，在苞腋内簇生，有2～3mm长的短梗，花药条形。雄花序直径2.01cm，雄花序高度2.05cm，雄蕊长度1.24cm，每花簇雄蕊数60枚，千蕊重6.34g。

🌱 雄花花簇及雄蕊

🌱 开花枝组

🌱 叶形

🌱 花期树形

10454X

母树来源于河南省商丘市，通过嫁接方式保存于中国林科院经济林研究所原阳国家杜仲种质资源库。

树势强，树姿半开张，成枝力中等，萌芽力强，节间距2.12cm。叶片椭圆形，叶缘锯齿，叶尖尾尖，基部心形，叶片长13.89cm，叶片宽6.56cm，叶面积59.14cm^2，叶柄长1.63cm。

雄蕊先端呈浅红色，在苞腋内簇生，有2~3mm长的短梗，花药条形。雄花序直径2.21cm，雄花序高度2.03cm，雄蕊长度1.14cm，每花簇雄蕊数72枚，千蕊重6.22g。

🌱 雄花花簇及雄蕊

🌱 开花枝

🌱 叶形

🌱 花期树形

10497X

母树来源于河南省嵩县，通过嫁接方式保存于中国林科院经济林研究所原阳国家杜仲种质资源库。

树势强，树姿半开张，成枝力强，萌芽力强，节间距2.10cm。叶片椭圆形，叶缘锯齿，叶尖渐尖，基部偏形，叶片长15.67cm，叶片宽6.33cm，叶面积67.89cm²，叶柄长2.24cm。

雄蕊先端呈浅红色，在苞腋内簇生，有2~3mm长的短梗，花药条形。雄花序直径2.05cm，雄花序高度1.96cm，雄蕊长度1.02cm，每花簇雄蕊数68枚，千蕊重5.95g。

🌱 雄花花簇及雄蕊

🌱 开花枝

🌱 叶形

🌱 花期树形

10515X

母树来源于河南省洛阳市，通过嫁接方式保存于中国林科院经济林研究所原阳国家杜仲种质资源库。

树势中庸，树姿半开张，成枝力中等，萌芽力中等，节间距2.18cm。叶片椭圆形，叶缘钝齿，叶尖尾尖，基部圆形，叶片长13.21cm，叶片宽6.17cm，叶面积51.40cm²，叶柄长1.50cm。

雄花呈绿色，在苞腋内簇生，有2～3mm长的短梗，花药条形。雄花序直径2.06cm，雄花序高度1.98cm，雄蕊长度1.04cm，每花簇雄蕊数119枚，千蕊重6.02g。

🌱 雄花花簇及雄蕊

🌱 开花枝

🌱 叶形

🌱 花期树形

10563X

母树来源于河南省洛阳市，通过嫁接方式保存于中国林科院经济林研究所原阳国家杜仲种质资源库。

树势中庸，树姿半开张，成枝力中等，萌芽力中等，节间距1.93cm。叶片阔椭圆形，叶缘锯齿，叶尖锐尖，基部心形，叶片长13.49cm，叶片宽5.85cm，叶面积49.80cm²，叶柄长1.71cm。

雄蕊先端呈紫红色，在苞腋内簇生，有2～3mm长的短梗，花药条形。雄花序直径2.02cm，雄花序高度1.93cm，雄蕊长度1.10cm，每花簇雄蕊数83枚，千蕊重6.22g。

🌱 **雄花花簇及雄蕊**

🌱 **开花枝**

🌱 **叶形**

🌱 **花期树形**

10603X

母树来源于河南省新乡市，通过嫁接方式保存于中国林科院经济林研究所原阳国家杜仲种质资源库。

树势中庸，树姿开张，成枝力强，萌芽力强，节间距2.00cm。叶片卵形，叶缘锯齿，叶尖尾尖，基部偏形，叶片长12.24cm，叶片宽6.23cm，叶面积45.01cm²，叶柄长2.04cm。

雄蕊先端呈浅红色，在苞腋内簇生，有2~3mm长的短梗，花药条形。雄花序直径1.93cm，雄花序高度1.81cm，雄蕊长度1.01cm，每花簇雄蕊数57枚，千蕊重6.17g。

🌱 雄花花簇及雄蕊

🌱 开花枝

🌱 叶形

🌱 花期树形

11098X

母树来源于重庆市沙坪坝区，通过嫁接方式保存于中国林科院经济林研究所原阳国家杜仲种质资源库。

树势强，树姿直立，成枝力强，萌芽力强，节间距2.62cm。叶片椭圆形，叶缘锯齿，叶尖渐尖，基部偏形，叶片长13.31cm，叶片宽6.62cm，叶面积60.31cm^2，叶柄长1.42cm。

雄蕊先端呈紫红色，在苞腋内簇生，有2～3mm长的短梗，花药条形。雄花序直径2.10cm，雄花序高度2.08cm，雄蕊长度1.10cm，每花簇雄蕊数82枚，千蕊重6.47g。

🌿 雄花花簇及雄蕊

🌿 开花枝

🌿 叶形

🌿 花期树形

13132X

母树来源于河南省洛阳市，通过嫁接方式保存于中国林科院经济林研究所原阳国家杜仲种质资源库。

树势中庸，树姿半开张，成枝力强，萌芽力强，节间距2.33cm。叶片椭圆形，叶缘锯齿，叶尖尾尖，基部偏形，叶片长13.29cm，叶片宽6.57cm，叶面积56.12cm²，叶柄长1.92cm。

雄蕊先端呈浅红色，在苞腋内簇生，有2～3mm长的短梗，花药条形。雄花序直径2.41cm，雄花序高度2.51cm，雄蕊长度1.34cm，每花簇雄蕊数119枚，千蕊重7.44g。

🌱 雄花花簇及雄蕊

🌱 开花枝

🌱 叶形

🌱 花期树形

仲杂006

2016年春季，选择11034X作为父本，10137C作为母本进行杂交，当年10月收获杂交种子，2017年春季播种，2021年杂交子代开始开花。

树势强，树姿直立，成枝力中等，萌芽力中等，节间距1.72cm。叶片椭圆形，叶缘锯齿，叶尖尾尖，基部偏形，叶片长14.31cm，叶片宽6.68cm，叶面积57.87cm²，叶柄长1.75cm。

雄蕊先端呈紫红色，在苞腋内簇生，有2～3mm长的短梗，花药条形。雄花序直径2.03cm，雄花序高度2.05cm，雄蕊长度1.45cm，每花簇雄蕊数51枚，千蕊重7.02g。

🌿 雄花花簇及雄蕊

🌿 开花枝

🌿 叶形

🌿 树形

2.3 良种、新品种

'华仲1号'

雄花用杜仲良种，由中国林科院经济林研究所选育，2012年通过国家林木良种审定，良种编号：国S-SV-EU-022-2012。

树势强，树姿半开张，成枝力中等，萌芽力强，节间距3.07cm。叶片椭圆形，叶缘锯齿，叶尖尾尖，基部圆形，叶片长16.92cm，叶片宽7.65cm，叶面积75.63cm²，叶柄长1.47cm。

雄蕊先端呈紫红色，在苞腋内簇生，有2～3mm长的短梗，花药条形。雄花序直径2.01cm，雄花序高度1.98cm，雄蕊长度1.16cm，每花簇雄蕊数85枚，千蕊重6.70g。

> **主要经济性状**
>
> '华仲1号'杜仲生长迅速，产皮量高，建园第17年单株产皮量29.50kg，每公顷产皮量49.18t。雄花产量高，嫁接苗或高接换优后2～3年开花，5～6年进入盛花期，盛花期每公顷可产鲜花2.8～4.0t。适于营建速生丰产林和雄花茶园。

雄花花簇及雄蕊

开花枝

叶形

花期树形

'华仲5号'

雄花用杜仲良种，由中国林科院经济林研究所选育，2012年通过国家林木良种审定，良种编号：国S-SV-EU-026-2012。

树势中庸，树姿半开张，成枝力强，萌芽力中等，节间距2.24cm。叶片椭圆形，叶缘钝齿，叶尖尾尖，基部圆形，叶片长14.51cm，叶片宽6.96cm，叶面积67.52cm^2，叶柄长1.71cm。

雄蕊中上部呈紫红色，在苞腋内簇生，有2～3mm长的短梗，花药条形。雄花序直径2.45cm，雄花序高度2.09cm，雄蕊长度1.24cm，每花簇雄蕊数95枚，千蕊重7.05g。

> **主要经济性状**
>
> '华仲5号'杜仲高产稳产，活性成分含量高，树皮松脂醇二葡萄糖苷含量0.27%～0.30%。嫁接苗或高接换优后2～3年开花，5～6年进入盛花期，雄花量大，盛花期每公顷可产鲜花3.0～4.8t。雄花氨基酸含量19.6%～22.1%。雄蕊加工性能好，加工的雄花茶质量好，适于营建高产雄花园药用速生丰产林。

🌿 雄花花簇及雄蕊

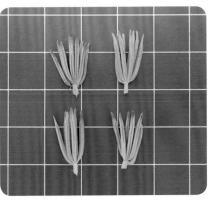

🌿 开花枝组

🌿 叶形

🌿 花期树形

'华仲11号'

雄花和叶兼用杜仲良种，由中国林科院经济林研究所选育，2019年通过国家林木良种审定，良种编号：国S-SV-EU-025-2019；2016年获得植物新品种权，品种权号：20160148。

树势中庸，树姿直立，成枝力中等，萌芽力中等，节间距1.85cm。叶片长椭圆形，叶缘钝齿，叶尖锐尖，基部楔形，叶片长11.28cm，叶片宽4.31cm，叶面积32.66cm^2，叶柄长1.19cm。

雄花呈黄绿色，在苞腋内簇生，有2～3mm长的短梗，花药条形。雄花序直径1.89cm，雄花序高度1.40m，雄蕊长度0.87cm，每花簇雄蕊数116枚，千蕊重4.88g。

主要经济性状

'华仲11号'杜仲早花、高产、稳产。嫁接苗或高接换优后2～3年开花，4～5年进入盛花期，雄花量大，盛花期每公顷可产鲜花2.8～4.2t。雄花氨基酸含量20.1%～23.4%。雄蕊加工性能好，加工的雄花茶质量好，适于营建杜仲雄花园和叶用林兼用基地。

🌱 雄花花簇及雄蕊

🌱 开花枝

🌱 叶形

🌱 花期树形

'华仲12号'

雄花和叶兼用杜仲良种，由中国林科院经济林研究所选育，2019年通过国家林木良种审定，良种编号：国S-SV-EU-016-2019；2016年获得植物新品种权，品种权号：20160149。

树势中庸，树姿半开张，成枝力弱，萌芽力中等，节间距2.11cm。春季抽生嫩叶为浅红色，展叶后除叶背面和中脉为青绿色外，叶表面、侧脉及枝条在生长季节逐步变成红色或紫红色。叶片椭圆形，叶缘钝齿，叶尖尾尖，基部偏形，叶片长13.32cm，叶片宽6.65cm，叶面积57.99cm²，叶柄长1.78cm。

雄花呈紫红色，在苞腋内簇生，有2~3mm长的短梗，花药条形。雄花序直径2.12cm，雄花序高度2.09cm，雄蕊长度1.05cm，每花簇雄蕊数84枚，千蕊重6.29g。

主要经济性状

'华仲12号'杜仲叶片红色，观赏价值高。自萌芽展叶开始，叶片即为红色，至秋季落叶时变为紫红色，叶色美观。叶片绿原酸含量高，可达4.0%。嫁接苗或高接换优后2~3年开花，4~5年进入盛花期，雄花量大，盛花期每公顷可产鲜花2.4~3.8t。适于营建雄花、叶兼用丰产园和城市与乡村绿化。

🌿 **雄花花簇及雄蕊**

🌿 **开花枝**

🌿 **叶形**

🌿 **树形**

'华仲15号'

叶用杜仲良种，由中国林科院经济林研究所选育，2021年通过河南省林木良种审定，良种编号：豫S-SV-EU-012-2021；2016年获得植物新品种权，品种权号：20160152。

树势中庸，树姿半开张，成枝力中等，萌芽力中等，节间距2.02cm。枝条半木质化后木材逐渐变红，木质化后木材呈红色或浅红色，髓心绿色或白色。叶片为深绿色，光亮，呈倒卵形，叶缘锯齿，叶尖尾尖，基部偏形，叶片长13.58cm，叶片宽7.68cm，叶面积63.74cm²，叶柄长2.03cm。

雄蕊先端呈紫红色，在苞腋内簇生，有2~3mm长的短梗，花药条形。雄花序直径2.21cm，雄花序高度1.85cm，雄蕊长度1.00cm，每花簇雄蕊数79枚，千蕊重6.10g。

主要经济性状

'华仲15号'杜仲枝条半木质化后木材逐渐变红，木质化后木材呈红色或浅红色，髓心绿色或白色。叶片绿原酸含量高，达3.8%。嫁接苗或高接换优后2~3年开花，4~5年进入盛花期，雄花量大，盛花期每公顷可产鲜花2.1~3.0t。适于营建雄花、叶兼用丰产园和城市与乡村绿化。

🌱 雄花花簇及雄蕊

🌱 开花枝

🌱 '华仲15号'（右）与普通杜仲（左）1年生枝条木质部颜色比较

🌱 叶形

🌱 树形

'华仲21号'

雄花用杜仲良种，由中国林科院经济林研究所选育，2020年通过国家林木良种审定，良种编号：国S-SV-EU-013-2020；2021年获得植物新品种权，品种权号：20210736。

树势强，树姿半开张，成枝力强，萌芽力强，节间距2.45cm。叶片椭圆形，叶缘钝齿，叶尖尾尖，基部圆形，叶片长13.76cm，叶片宽6.12cm，叶面积54.77cm²，叶柄长1.12cm。

雄花呈黄绿色，在苞腋内簇生，有2～3mm长的短梗，花药条形。雄花序直径2.26cm，雄花序高度2.09cm，雄蕊长度1.12cm，每花簇雄蕊数133枚，千蕊重6.55g。

主要经济性状

'华仲21号'杜仲开花早，开花稳定性好，雄花产量、活性成分含量高，高产稳产。嫁接苗或高接换优后2～3年开花，5～6年进入盛花期，雄花量大，盛花期每公顷可产鲜花3.3～4.8t。雄花氨基酸含量20.4%～22.8%。雄蕊加工性能好，加工的雄花茶质量好。适于营建杜仲雄花茶园和叶用林兼用基地。

🌿 雄花花簇及雄蕊

🌿 开花枝

🌿 叶形

🌿 花期树形

121

'华仲22号'

雄花用杜仲良种，由中国林科院经济林研究所选育，2022年年通过国家林木良种审定，良种编号：国S-SV-EU-015-2022；2021年获得植物新品种权，品种权号：20210737。

树势强，树姿半开张，成枝力中等，萌芽力强，节间距2.13cm。叶片椭圆形，叶缘锯齿，叶尖尾尖，基部楔形，叶片长15.63cm，叶片宽6.36cm，叶面积59.85cm^2，叶柄长1.48cm。

雄蕊先端呈紫红色，在苞腋内簇生，有2～3mm长的短梗，花药条形。雄花序直径2.32cm，雄花序高度2.39cm，雄蕊长度1.24cm，每花簇雄蕊数130枚，千蕊重6.84g。

> **主要经济性状**
>
> '华仲22号'杜仲高产、稳产，雄花活性成分含量高。嫁接苗或高接换优后2～3年开花，5～6年进入盛花期，雄花量大，盛花期每公顷可产鲜花3.6～5.0t。雄花氨基酸含量21.2%～23.5%，雄蕊加工性能好，加工的雄花茶质量好。适于营建杜仲雄花茶园和叶用林兼用基地。

雄花花簇及雄蕊

开花枝

叶形

花期树形

'华仲23号'

雄花和叶兼用杜仲良种，由中国林科院经济林研究所选育，2017年通过河南省林木良种审定，良种编号：豫S-SV-EU-020-2017；2021年获得植物新品种权，品种权号：20210738。

树势中庸，树姿开张，成枝力中等，萌芽力强，节间距1.95cm。叶片阔椭圆形，叶缘锯齿，叶尖尾尖，基部圆形，叶片长21.08cm，叶片宽10.74cm，叶面积140.49cm²，叶柄长1.82cm。

雄花先端呈浅红色，在苞腋内簇生，有2～3mm长的短梗，花药条形。雄花序直径2.90cm，雄花序高度2.41cm，雄蕊长度1.65cm，每花簇雄蕊数117枚，千蕊重7.01g。

主要经济性状

'华仲23号'杜仲高产、稳产，嫁接苗或高接换优后2～3年开花，5～6年进入盛花期，雄花量大，盛花期每公顷可产鲜花3.0～4.5t。叶片产量高，短周期叶用林栽培模式下，'华仲23号'杜仲叶长可达26cm，叶宽达18cm，单叶鲜重达10.58g，每亩干叶产量可达1.3t。雄蕊加工性能好，加工的雄花茶质量好。适于营建杜仲雄花茶园和短周期叶用林基地。

 雄花花簇及雄蕊

开花枝

叶用林

叶形

花期树形

'华仲24号'

叶用和观赏兼用杜仲良种，由中国林科院经济林研究所选育，2017年通过河南省林木良种审定，良种编号：豫S-SV-EU-021-2017；2021年获得植物新品种权，品种权号：20210739。

树势强，树姿半开张，成枝力强，萌芽力中等，节间距4.29cm。叶片阔卵形，叶缘钝齿，叶尖渐尖，基部心形，叶片长15.56cm，叶片宽9.40cm，叶面积85.69cm²，叶柄长1.82cm。

雄花呈紫红色，在苞腋内簇生，有2～3mm长的短梗，花药条形。雄花序直径2.01cm，雄花序高度2.15cm，雄蕊长度1.21cm，每花簇雄蕊数104枚，千蕊重6.34g。

主要经济性状

'华仲24号'杜仲开花稳定性好，雄花产量、活性成分含量高。嫁接苗或高接换优后2～3年开花，5～6年进入盛花期，盛花期每公顷可产鲜花3.2～4.6t。叶片活性成分含量高，叶片绿原酸含量达4.2%。春季萌芽后叶片逐步由浅红色变为红色或紫红色，具有极高的观赏价值。雄蕊加工性能好，加工的雄花茶质量好。适于营建观赏型叶用林和雄花茶园。

🌱 雄花花簇及雄蕊

🌱 开花枝

🌱 叶形

🌱 树形

'华仲27号'

雄花用杜仲良种，由中国林科院经济林研究所选育，2019年通过河南省林木良种审定，良种编号：豫S-SV-EU-013-2019。

树势强，树姿半开张，成枝力中等，萌芽力强，节间距1.90cm。叶片椭圆形，叶缘钝齿，叶尖尾尖，基部圆形，叶片长12.34cm，叶片宽5.82cm，叶面积46.34cm²，叶柄长1.88cm。

雄蕊先端呈浅红色，在苞腋内簇生，有2~3mm长的短梗，花药条形。雄花序直径2.01cm，雄花序高度2.12cm，雄蕊长度1.06cm，每花簇雄蕊数112枚，千蕊重6.57g。

主要经济性状

'华仲27号'杜仲高产、稳产，雄花活性成分含量高。嫁接苗或高接换优后2~3年开花，5~6年进入盛花期，雄花量大，盛花期每公顷可产鲜花4.0~5.5t。雄花氨基酸含量19.5%~21.7%，雄蕊加工性能好，加工的雄花茶质量好。适于营建杜仲雄花茶园。

🌿 雄花花簇及雄蕊

🌿 开花枝

🌿 叶形

🌿 花期树形

第3章

杜仲雌性核心种质

3.1 基本核心种质

10005C

母树来源于湖南省慈利县，通过嫁接方式保存于中国林科院经济林研究所原阳国家杜仲种质资源库。

树势中庸，树姿半开张，成枝力中等，萌芽力强，节间距1.82cm。叶片椭圆形，叶缘锯齿，叶尖尾尖，基部偏形，叶片长13.92cm，叶片宽6.64cm，叶面积60.44cm^2，叶柄长1.90cm。

雌花单生，形如花瓶，子房狭长，柱头2裂，1室，胚珠2枚，倒生。果实椭圆形，果实长3.06cm，果实宽1.09cm，果实厚2.44mm，果实百粒重8.94g，种仁长1.50cm，种仁宽0.44cm，种仁厚1.89mm。果皮杜仲橡胶含量13.8%，种仁粗脂肪含量31.6%，粗脂肪中α-亚麻酸含量59.7%。

🌱 叶形

🌱 开花枝

🌱 树形

🌱 雌花形态

🌱 结果枝

🌱 果实形态

10011C

　　母树来源于湖南省慈利县，通过嫁接方式保存于中国林科院经济林研究所原阳国家杜仲种质资源库。

　　树势中庸，树姿直立，成枝力中等，萌芽力中等，节间距2.03cm。叶片倒卵形，叶缘钝齿，叶尖尾尖，基部楔形，叶片长14.58cm，叶片宽6.43cm，叶面积60.96cm^2，叶柄长1.84cm。

　　雌花单生，形如花瓶，子房狭长，柱头2裂，1室，胚珠2枚，倒生。果实弯刀形，果长2.95cm，果宽1.01cm，果厚1.80mm，果实百粒重6.94g，种仁长1.17cm，种仁宽0.24cm，种仁厚1.25mm。果皮杜仲橡胶含量15.7%，种仁粗脂肪含量29.4%，粗脂肪中α-亚麻酸含量55.2%。

🌱 叶形

🌱 开花枝

🌱 树形

🌱 雌花形态

🌱 结果枝

🌱 果实形态

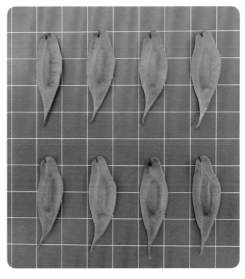

10012C

母树来源于湖南省慈利县，通过嫁接方式保存于中国林科院经济林研究所原阳国家杜仲种质资源库。

树势中庸，树姿半开张，成枝力弱，萌芽力弱，节间距2.57cm。叶片倒卵形，叶缘锯齿，叶尖渐尖，基部心形，叶片长12.28cm，叶片宽6.35cm，叶面积52.04cm^2，叶柄长1.72cm。

雌花单生，形如花瓶，子房狭长，柱头2裂，1室，胚珠2枚，倒生，花期比普通杜仲晚5～7天。果实弯月形，果长2.92cm，果宽1.17cm，果厚1.76mm，果实百粒重7.13g，种仁长1.10cm，种仁宽0.28cm，种仁厚1.32mm。果皮杜仲橡胶含量15.8%，种仁粗脂肪含量30.1%，粗脂肪中α-亚麻酸含量61.2%。

🌱 叶形

🌱 雌花形态

🌱 开花枝

🌱 树形

🌱 结果枝

🌱 果实形态

10013C

叶形

母树来源于湖南省慈利县，通过嫁接方式保存于中国林科院经济林研究所原阳国家杜仲种质资源库。

树势中庸，树姿半开张，成枝力中等，萌芽力强，节间距1.71cm。叶片椭圆形，叶缘牙齿，叶尖尾尖，基部圆形，叶片长14.05cm，叶片宽6.65cm，叶面积59.61cm²，叶柄长1.73cm。

雌花单生，形如花瓶，子房狭长，柱头2裂，1室，胚珠2枚，倒生，花期比普通杜仲晚5～7天。果实纺锤形，果长3.10cm，果宽1.07cm，果厚1.90mm，果实百粒重8.12g，种仁长1.30cm，种仁宽0.30cm，种仁厚1.37mm。果皮杜仲橡胶含量13.5%，种仁粗脂肪含量29.0%，粗脂肪中α-亚麻酸含量55.6%。

雌花形态

开花枝

树形

结果枝

果实形态
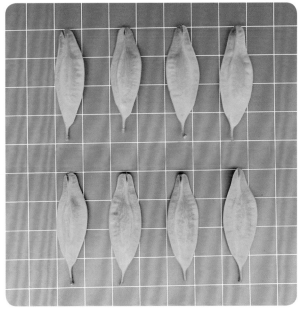

10033C

母树来源于广西壮族自治区兴安县，通过嫁接方式保存于中国林科院经济林研究所原阳国家杜仲种质资源库。

树势强，树姿半开张，成枝力中等，萌芽力强，节间距1.98cm。叶片阔椭圆形，叶缘锯齿，叶尖尾尖，基部圆形，叶片长14.79cm，叶片宽7.27cm，叶面积69.20cm²，叶柄长2.46cm。

雌花单生，形如花瓶，子房狭长，柱头2裂，1室，胚珠2枚，倒生。果实椭圆形，果长3.10cm，果宽1.13cm，果厚1.97mm，果实百粒重7.59g，种仁长1.14cm，种仁宽0.30cm，种仁厚1.39mm。果皮杜仲橡胶含量15.5%，种仁粗脂肪含量30.1%，粗脂肪中α-亚麻酸含量60.0%。

叶形

雌花形态

开花枝

树形

结果枝

果实形态

10034C

　　母树来源于广西壮族自治区兴安县，通过嫁接方式保存于中国林科院经济林研究所原阳国家杜仲种质资源库。

　　树势中庸，树姿半开张，成枝力中等，萌芽力中等，节间距2.15cm。叶片椭圆形，叶缘锯齿，叶尖尾尖，基部偏形，叶片长15.12cm，叶片宽7.27cm，叶面积71.28cm²，叶柄长1.94cm。

　　雌花单生，形如花瓶，子房狭长，柱头2裂，1室，胚珠2枚，倒生。果实弯月形，果长2.92cm，果宽0.96cm，果厚2.31mm，果实百粒重8.34g，种仁长1.23cm，种仁宽0.28cm，种仁厚1.55mm。果皮杜仲橡胶含量16.0%，种仁粗脂肪含量27.9%，粗脂肪中α-亚麻酸含量54.3%。

叶形

雌花形态

开花枝

树形

结果枝

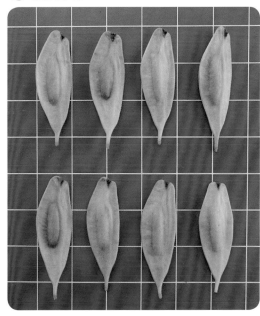
果实形态

10035C

叶形

　　母树来源于广西壮族自治区兴安县，通过嫁接方式保存于中国林科院经济林研究所原阳国家杜仲种质资源库。

　　树势强，树姿开张，成枝力中等，萌芽力强，节间距 2.59cm。叶片阔椭圆形，叶缘钝齿，叶尖尾尖，基部圆形，叶片长 12.21cm，叶片宽 5.93cm，叶面积 45.82cm²，叶柄长 1.78cm。

　　雌花单生，形如花瓶，子房狭长，柱头 2 裂，1 室，胚珠 2 枚，倒生。果实椭圆形，果长 3.53cm，果宽 1.16cm，果厚 2.34mm，果实百粒重 11.06g，种仁长 1.38cm，种仁宽 0.30cm，种仁厚 1.51mm。果皮杜仲橡胶含量 15.4%，种仁粗脂肪含量 27.2%，粗脂肪中 α-亚麻酸含量 55.9%。

雌花形态

开花枝

树形

结果枝

果实形态

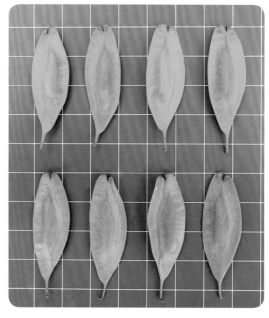

10038C

叶形

母树来源于广西壮族自治区兴安县，通过嫁接方式保存于中国林科院经济林研究所原阳国家杜仲种质资源库。

树势强，树姿半开张，成枝力中等，萌芽力强，节间距1.90cm。叶片倒卵形，叶缘锯齿，叶尖尾尖，基部偏形，叶片长12.68cm，叶片宽5.68cm，叶面积45.53cm^2，叶柄长1.98cm。

雌花单生，形如花瓶，子房狭长，柱头2裂，1室，胚珠2枚，倒生。果实椭圆形，果长2.89cm，果宽1.03cm，果厚1.73mm，果实百粒重6.81g，种仁长1.15cm，种仁宽0.26cm，种仁厚1.22mm。果皮杜仲橡胶含量15.2%，种仁粗脂肪含量28.9%，粗脂肪中α-亚麻酸含量58.1%。

雌花形态

开花枝

树形

结果枝

果实形态

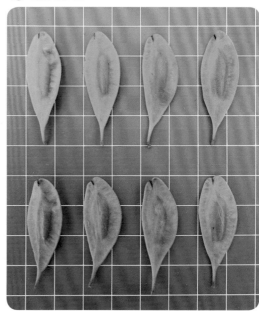

10042C

叶形

　　母树来源于广西壮族自治区兴安县，通过嫁接方式保存于中国林科院经济林研究所原阳国家杜仲种质资源库。

　　树势中庸，树姿半开张，成枝力中等，萌芽力中等，节间距1.94cm。叶片长椭圆形，叶缘锯齿，叶尖尾尖，基部楔形，叶片长12.09cm，叶片宽5.42cm，叶面积42.09cm²，叶柄长1.38cm。

　　雌花单生，形如花瓶，子房狭长，柱头2裂，1室，胚珠2枚，倒生，花期比普通杜仲晚5～7天。果实椭圆形，果长2.83cm，果宽1.01cm，果厚1.75mm，果实百粒重8.89g，种仁长1.11cm，种仁宽0.29cm，种仁厚1.30mm。果皮杜仲橡胶含量16.8%，种仁粗脂肪含量28.5%，粗脂肪中α-亚麻酸含量57.8%。

雌花形态

开花枝

树形

结果枝

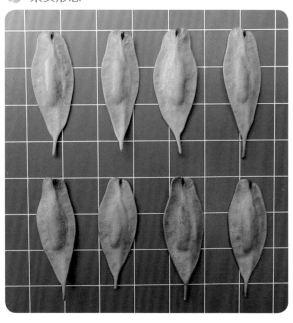
果实形态

10046C

叶形

母树来源于湖南省株洲市，通过嫁接方式保存于中国林科院经济林研究所原阳国家杜仲种质资源库。

树势中庸，树姿直立，成枝力中等，萌芽力中等，节间距2.13cm。叶片椭圆形，叶缘锯齿，叶尖渐尖，基部偏形，叶片长13.73cm，叶片宽7.38cm，叶面积66.82cm²，叶柄长1.63cm。

雌花单生，形如花瓶，子房狭长，柱头2裂，1室，胚珠2枚，倒生，花期比普通杜仲晚5～7天。果实椭圆形，果长3.16cm，果宽1.10cm，果厚1.95mm，果实百粒重8.89g，种仁长1.28cm，种仁宽0.27cm，种仁厚1.44mm。果皮杜仲橡胶含量15.9%，种仁粗脂肪含量29.4%，粗脂肪中α-亚麻酸含量58.8%。

雌花形态

开花枝

树形

结果枝

果实形态

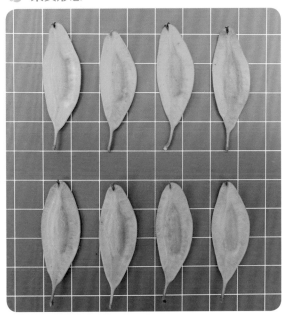

10055C

母树来源于河北省安国市，通过嫁接方式保存于中国林科院经济林研究所原阳国家杜仲种质资源库。

树势强，树姿半开张，成枝力强，萌芽力强，节间距1.78cm。叶片倒卵形，叶缘锯齿，叶尖尾尖，基部楔形，叶片长13.36cm，叶片宽6.67cm，叶面积57.21cm²，叶柄长1.69cm。

雌花单生，形如花瓶，子房狭长，柱头2裂，1室，胚珠2枚，倒生。果实椭圆形，果长2.94cm，果宽1.03cm，果厚1.89mm，果实百粒重9.13g，种仁长1.36cm，种仁宽0.32cm，种仁厚1.44mm。果皮杜仲橡胶含量15.1%，种仁粗脂肪含量31.7%，粗脂肪中α-亚麻酸含量60.2%。

叶形

雌花形态

开花枝

树形

结果枝

果实形态

10085C

　　母树来源于安徽省亳州市，通过嫁接方式保存于中国林科院经济林研究所原阳国家杜仲种质资源库。

　　树势中庸，树姿开张，成枝力强，萌芽力中等，节间距1.83cm。叶片阔椭圆形，叶缘锯齿，叶尖渐尖，基部圆形，叶片长11.22cm，叶片宽7.14cm，叶面积55.57cm²，叶柄长1.53cm。

　　雌花单生，形如花瓶，子房狭长，柱头2裂，1室，胚珠2枚，倒生。果实椭圆形，果长2.69cm，果宽1.12cm，果厚1.96mm，果实百粒重7.25g，种仁长1.28cm，种仁宽0.27cm，种仁厚1.29mm。果皮杜仲橡胶含量16.3%，种仁粗脂肪含量30.1%，粗脂肪中α-亚麻酸含量61.2%。

 叶形

 雌花形态

 开花枝

 树形

 结果枝

 果实形态

10093C

母树来源于浙江省杭州市，通过嫁接方式保存于中国林科院经济林研究所原阳国家杜仲种质资源库。

树势中庸，树姿半开张，成枝力强，萌芽力中等，节间距1.83cm。叶片椭圆形，叶缘钝齿，叶尖渐尖，基部圆形，叶片长13.50cm，叶片宽5.87cm，叶面积49.76cm²，叶柄长1.53cm。

雌花单生，形如花瓶，子房狭长，柱头2裂，1室，胚珠2枚，倒生。果实椭圆形，果长2.89cm，果宽1.14cm，果厚1.74mm，果实百粒重7.25mm，种仁长1.19cm，种仁宽0.28cm，种仁厚1.27mm。果皮杜仲橡胶含量18.4%，种仁粗脂肪含量30.0%，粗脂肪中α-亚麻酸含量60.6%。

雌花形态

开花枝

树形

结果枝

果实形态

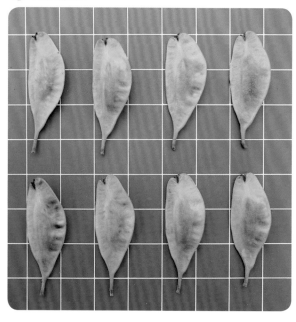

10113C

　　母树来源于北京市万泉河路，通过嫁接方式保存于中国林科院经济林研究所原阳国家杜仲种质资源库。

　　树势强，树姿半开张，成枝力中等，萌芽力中等，节间距2.12cm。叶片倒卵形，叶缘锯齿，叶尖尾尖，基部楔形，叶片长13.73cm，叶片宽6.68cm，叶面积29.46cm²，叶柄长1.50cm。

　　雌花单生，形如花瓶，子房狭长，柱头2裂，1室，胚珠2枚，倒生。果实椭圆形，果长3.35cm，果宽1.10cm，果厚2.09mm，果实百粒重8.10g，种仁长1.22cm，种仁宽0.29m，种仁厚1.41mm。果皮杜仲橡胶含量15.5%，种仁粗脂肪含量30.9%，粗脂肪中α-亚麻酸含量62.6%。

雌花形态

开花枝

树形

结果枝

果实形态

10120C

母树来源于北京市万泉河路，通过嫁接方式保存于中国林科院经济林研究所原阳国家杜仲种质资源库。

树势强，树姿开张，成枝力强，萌芽力强，节间距2.22cm。叶片阔椭圆形，叶缘锯齿，叶尖尾尖，基部心形，叶片长13.45cm，叶片宽7.18cm，叶面积62.03cm²，叶柄长1.26cm。

雌花单生，形如花瓶，子房狭长，柱头2裂，1室，胚珠2枚，倒生。果实椭圆形，果长2.93cm，果宽1.04cm，果厚2.15mm，果实百粒重7.29g，种仁长1.14cm，种仁宽0.31cm，种仁厚1.46mm。果皮杜仲橡胶含量18.0%，种仁粗脂肪含量33.6%，粗脂肪中α-亚麻酸含量63.2%。

叶形

雌花形态

开花枝

树形

结果枝

果实形态

10122C

母树来源于湖南省慈利县，通过嫁接方式保存于中国林科院经济林研究所原阳国家杜仲种质资源库。

树势中庸，树姿开张，成枝力中等，萌芽力强，节间距1.96cm。叶片椭圆形，叶缘钝齿，叶尖尾尖，基部圆形，叶片长13.60cm，叶片宽6.89cm，叶面积62.14cm^2，叶柄长2.33cm。

雌花单生，形如花瓶，子房狭长，柱头2裂，1室，胚珠2枚，倒生。果实椭圆形，果长2.41cm，果宽1.02cm，果厚1.73mm，果实百粒重6.21g，种仁长1.13cm，种仁宽0.28cm，种仁厚1.22mm。果皮杜仲橡胶含量15.0%，种仁粗脂肪含量32.1%，粗脂肪中α-亚麻酸含量59.2%。

叶形

雌花形态

开花枝

树形

结果枝

果实形态

10124C

叶形

　　母树来源于北京市万泉河路，通过嫁接方式保存于中国林科院经济林研究所原阳国家杜仲种质资源库。

　　树势中庸，树姿半开张，成枝力强，萌芽力强，节间距1.91cm。叶片阔椭圆形，叶缘锯齿，叶尖尾尖，基部心形，叶片长13.17cm，叶片宽7.06cm，叶面积61.67cm²，叶柄长1.57cm。

　　雌花单生，形如花瓶，子房狭长，柱头2裂，1室，胚珠2枚，倒生。果实椭圆形，果长3.16cm，果宽1.23cm，果厚2.16mm，果实百粒重8.56g，种仁长1.31cm，种仁宽0.32m，种仁厚1.41mm。果皮杜仲橡胶含量17.9%，种仁粗脂肪含量33.0%，粗脂肪中α-亚麻酸含量59.5%。

雌花形态

开花枝

树形

结果枝

果实形态

10125C

　　母树来源于北京市万泉河路，通过嫁接方式保存于中国林科院经济林研究所原阳国家杜仲种质资源库。

　　树势弱，树姿半开张，成枝力中等，萌芽力中等，节间距2.55cm。叶片椭圆形，叶缘锯齿，叶尖渐尖，基部圆形，叶片长14.25cm，叶片宽8.61cm，叶面积82.69cm²，叶柄长1.91cm。

　　雌花单生，形如花瓶，子房狭长，柱头2裂，1室，胚珠2枚，倒生。果实弯月形，果长3.02cm，果宽1.05cm，果厚1.85mm，果实百粒重6.69g，种仁长1.09cm，种仁宽0.30cm，种仁厚1.39mm。果皮杜仲橡胶含量15.8%，种仁粗脂肪含量29.8%，粗脂肪中α-亚麻酸含量58.2%。

🌿 叶形

🌿 雌花形态

🌿 开花枝

🌿 树形

🌿 结果枝

🌿 果实形态

10129C

母树来源于北京市万泉河路，通过嫁接方式保存于中国林科院经济林研究所原阳国家杜仲种质资源库。

树势中庸，树姿开张，成枝力中等，萌芽力中等，节间距2.14cm。叶片倒卵形，叶缘锯齿，叶尖尾尖，基部偏形，叶片长14.71cm，叶片宽7.64cm，叶面积68.12cm²，叶柄长1.40cm。

雌花单生，形如花瓶，子房狭长，柱头2裂，1室，胚珠2枚，倒生。果实梭形，果长3.79cm，果宽1.28cm，果厚2.07mm，果实百粒重12.81g，种仁长1.64cm，种仁宽0.36cm，种仁厚1.46mm。果皮杜仲橡胶含量15.5%，种仁粗脂肪含量29.7%，粗脂肪中α-亚麻酸含量59.8%。

雌花形态

开花枝

树形

结果枝

果实形态

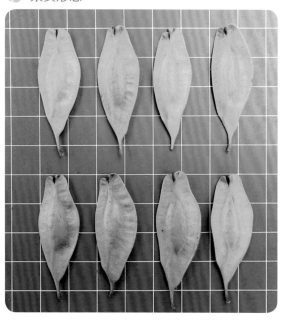

10140C

　　母树来源于北京市万泉河路，通过嫁接方式保存于中国林科院经济林研究所原阳国家杜仲种质资源库。

　　树势中庸，树姿半开张，成枝力中等，萌芽力中等，节间距1.77cm。叶片阔椭圆形，叶缘锯齿，叶尖渐尖，基部楔形，叶片长13.82cm，叶片宽7.12cm，叶面积64.40cm²，叶柄长1.53cm。

　　雌花单生，形如花瓶，子房狭长，柱头2裂，1室，胚珠2枚，倒生。果实椭圆形，果长3.27cm，果宽1.19cm，果厚1.89mm，果实百粒重8.18g，种仁长1.22cm，种仁宽0.31cm，种仁厚1.41mm。果皮杜仲橡胶含量15.7%，种仁粗脂肪含量31.1%，粗脂肪中α-亚麻酸含量58.8%。

🌿 叶形

🌿 雌花形态

🌿 开花枝

🌿 树形

🌿 结果枝

🌿 果实形态

10144C

叶形

母树来源于北京市万泉河路，通过嫁接方式保存于中国林科院经济林研究所原阳国家杜仲种质资源库。

树势中庸，树姿半开张，成枝力弱，萌芽力强，节间距1.85cm。叶片椭圆形，叶缘锯齿，叶尖尾尖，基部圆形，叶片长13.82cm，叶片宽6.47cm，叶面积57.17cm²，叶柄长1.75cm。

雌花单生，形如花瓶，子房狭长，柱头2裂，1室，胚珠2枚，倒生。果实弯刀形，果长2.59cm，果宽1.01cm，果厚2.02mm，果实百粒重6.98g，种仁长1.11cm，种仁宽0.28cm，种仁厚1.39mm。果皮杜仲橡胶含量17.1%，种仁粗脂肪含量29.4%，粗脂肪中α-亚麻酸含量60.5%。

雌花形态

开花枝

树形

结果枝

果实形态

10147C

叶形

　　母树来源于北京市清华大学，通过嫁接方式保存于中国林科院经济林研究所原阳国家杜仲种质资源库。

　　树势强，树姿半开张，成枝力强，萌芽力中等，节间距2.15cm。叶片倒卵形，叶缘锯齿，叶尖尾尖，基部圆形，叶片长12.92cm，叶片宽6.15cm，叶面积52.35cm^2，叶柄长1.81cm。

　　雌花单生，形如花瓶，子房狭长，柱头2裂，1室，胚珠2枚，倒生。果实椭圆形，果长3.05cm，果宽1.10cm，果厚2.00mm，果实百粒重9.15g，种仁长1.37cm，种仁宽0.30cm，种仁厚1.48mm。果皮杜仲橡胶含量15.4%，种仁粗脂肪含量31.3%，粗脂肪中α-亚麻酸含量63.1%。

雌花形态

开花枝

树形

结果枝

果实形态

10154C

　　母树来源于北京市杜仲公园，通过嫁接方式保存于中国林科院经济林研究所原阳国家杜仲种质资源库。

　　树势中庸，树姿半开张，成枝力强，萌芽力中等，节间距2.11cm。叶片倒卵形，叶缘锯齿，叶尖尾尖，基部楔形，叶片长11.99cm，叶片宽6.39cm，叶面积49.80cm²，叶柄长1.61cm。

　　雌花单生，形如花瓶，子房狭长，柱头2裂，1室，胚珠2枚，倒生。果实梭形，果长3.19cm，果宽0.95cm，果厚1.38mm，果实百粒重7.59g，种仁长1.22cm，种仁宽0.25cm，种仁厚1.11mm。果皮杜仲橡胶含量15.2%，种仁粗脂肪含量28.9%，粗脂肪中α-亚麻酸含量55.4%。

雌花形态

开花枝

树形

结果枝

果实形态

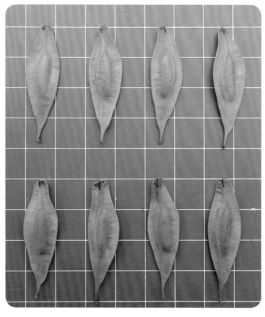

10159C

母树来源于北京市杜仲公园，通过嫁接方式保存于中国林科院经济林研究所原阳国家杜仲种质资源库。

树势中庸，树姿直立，成枝力强，萌芽力中等，节间距1.88cm。叶片椭圆形，叶缘钝齿，叶尖渐尖，基部偏形，叶片长14.39cm，叶片宽6.43cm，叶面积60.21cm²，叶柄长1.96cm。

雌花单生，形如花瓶，子房狭长，柱头2裂，1室，胚珠2枚，倒生。果实长椭圆形，果长3.44cm，果宽1.20cm，果厚2.02mm，果实百粒重10.39g，种仁长1.45cm，种仁宽0.36cm，种仁厚1.61mm。果皮杜仲橡胶含量15.1%，种仁粗脂肪含量27.8%，粗脂肪中α-亚麻酸含量61.9%。

雌花形态

开花枝

树形

结果枝

果实形态

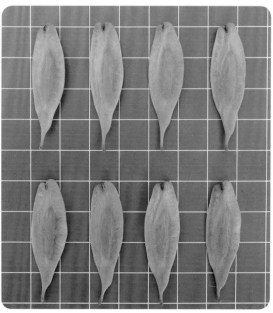

10161C

叶形

　　母树来源于北京市杜仲公园，通过嫁接方式保存于中国林科院经济林研究所原阳国家杜仲种质资源库。

　　树势中庸，树姿半开张，成枝力弱，萌芽力中等，节间距1.93cm。叶片倒卵形，叶缘锯齿，叶尖渐尖，基部偏形，叶片长11.89cm，叶片宽6.91cm，叶面积53.91cm²，叶柄长1.55cm。

　　雌花单生，形如花瓶，子房狭长，柱头2裂，1室，胚珠2枚，倒生。果实椭圆形，果长2.87cm，果宽1.14cm，果厚1.98mm，果实百粒重8.87g，种仁长1.33cm，种仁宽0.31cm，种仁厚1.54mm。果皮杜仲橡胶含量15.3%，种仁粗脂肪含量31.8%，粗脂肪中α-亚麻酸含量57.3%。

雌花形态

开花枝

树形

结果枝

果实形态

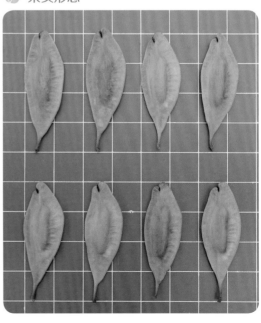

152

中国杜仲核心种质

10166C

母树来源于北京市杜仲公园，通过嫁接方式保存于中国林科院经济林研究所原阳国家杜仲种质资源库。

树势中庸，树姿半开张，成枝力强，萌芽力中等，节间距2.17cm。叶片倒卵形，叶缘锯齿，叶尖渐尖，基部楔形，叶片长13.21cm，叶片宽6.85cm，叶面积60.94cm²，叶柄长1.34cm。

雌花单生，形如花瓶，子房狭长，柱头2裂，1室，胚珠2枚，倒生。果实长椭圆形，果长3.36cm，果宽1.16cm，果厚2.10mm，果实百粒重9.56g，种仁长1.38cm，种仁宽0.33cm，种仁厚1.68mm。果皮杜仲橡胶含量19.1%，种仁粗脂肪含量30.9%，粗脂肪中α-亚麻酸含量59.5%。

 叶形

🌿 雌花形态

🌿 开花枝

🌿 树形

🌿 结果枝

🌿 果实形态

10172C

叶形

　　母树来源于北京市杜仲公园，通过嫁接方式保存于中国林科院经济林研究所原阳国家杜仲种质资源库。

　　树势中庸，树姿直立，成枝力强，萌芽力强，节间距2.52cm。叶片椭圆形，叶缘锯齿，叶尖尾尖，基部楔形，叶片长12.59cm，叶片宽5.92cm，叶面积46.86cm²，叶柄长1.46cm。

　　雌花单生，形如花瓶，子房狭长，柱头2裂，1室，胚珠2枚，倒生。果实长椭圆形，果长3.45cm，果宽0.95cm，果厚1.71mm，果实百粒重7.17g，种仁长1.41cm，种仁宽0.28cm，种仁厚1.22mm。果皮杜仲橡胶含量15.9%，种仁粗脂肪含量32.3%，粗脂肪中α-亚麻酸含量60.2%。

雌花形态

开花枝

树形

结果枝

果实形态

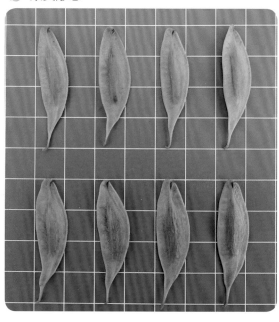

10177C

母树来源于北京市杜仲公园，通过嫁接方式保存于中国林科院经济林研究所原阳国家杜仲种质资源库。

树势中庸，树姿半开张，成枝力弱，萌芽力中等，节间距2.87cm。叶片倒卵形，叶缘锯齿，叶尖渐尖，基部楔形，叶片长13.39cm，叶片宽6.56cm，叶面积58.53cm²，叶柄长1.50cm。

雌花单生，形如花瓶，子房狭长，柱头2裂，1室，胚珠2枚，倒生。果实椭圆形，果长3.01cm，果宽1.04cm，果厚1.21mm，果实百粒重7.08g，种仁长1.12cm，种仁宽0.24cm，种仁厚0.75mm。果皮杜仲橡胶含量15.8%，种仁粗脂肪含量32.2%，粗脂肪中α-亚麻酸含量57.2%。

🌿 叶形

🌿 雌花形态

🌿 开花枝

🌿 树形

🌿 结果枝

🌿 果实形态

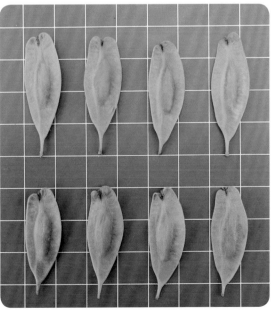

10179C

母树来源于湖南省慈利县，通过嫁接方式保存于中国林科院经济林研究所原阳国家杜仲种质资源库。

树势中庸，树姿开张，成枝力中等，萌芽力强，节间距1.43cm。叶片椭圆形，叶缘锯齿，叶尖尾尖，基部偏形，叶片长10.81cm，叶片宽6.39cm，叶面积48.35cm²，叶柄长1.98cm。

雌花单生，形如花瓶，子房狭长，柱头2裂，1室，胚珠2枚，倒生。果实椭圆形，果长3.10cm，果宽1.07cm，果厚1.90mm，果实百粒重8.12g，种仁长1.23cm，种仁宽0.30cm，种仁厚1.37mm。果皮杜仲橡胶含量17.7%，种仁粗脂肪含量31.3%，粗脂肪中α-亚麻酸含量61.2%。

叶形

雌花形态

开花枝

树形

结果枝

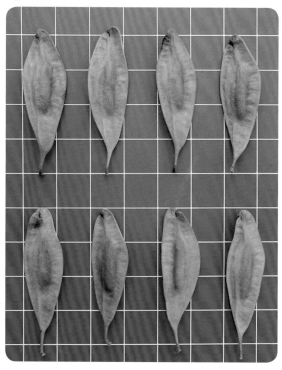
果实形态

10181C

　　母树来源于北京市杜仲公园，通过嫁接方式保存于中国林科院经济林研究所原阳国家杜仲种质资源库。

　　树势中庸，树姿半开张，成枝力弱，萌芽力强，节间距2.02cm。叶片椭圆形，叶缘锯齿，叶尖尾尖，基部偏形，叶片长11.89cm，叶片宽6.55cm，叶面积51.57cm^2，叶柄长1.96cm。

　　雌花单生，形如花瓶，子房狭长，柱头2裂，1室，胚珠2枚，倒生。果实椭圆形，果长3.20cm，果宽1.07cm，果厚1.89mm，果实百粒重7.37g，种仁长1.25cm，种仁宽0.26cm，种仁厚1.36mm。果皮杜仲橡胶含量16.1%，种仁粗脂肪含量33.4%，粗脂肪中α-亚麻酸含量61.8%。

雌花形态

开花枝

树形

结果枝

果实形态

10185C

母树来源于北京市杜仲公园，通过嫁接方式保存于中国林科院经济林研究所原阳国家杜仲种质资源库。

树势强，树姿直立，成枝力中等，萌芽力弱，节间距2.46cm。叶片卵形，叶缘牙齿，叶尖尾尖，基部心形，叶片长12.02cm，叶片宽6.23cm，叶面积49.64cm²，叶柄长1.57cm。

雌花单生，形如花瓶，子房狭长，柱头2裂，1室，胚珠2枚，倒生。果实弯刀形，果长3.41cm，果宽1.17cm，果厚1.77mm，果实百粒重9.45g，种仁长1.50cm，种仁宽0.29cm，种仁厚1.29mm。果皮杜仲橡胶含量19.5%，种仁粗脂肪含量28.8%，粗脂肪中α-亚麻酸含量59.3%。

叶形

雌花形态

开花枝

树形

结果枝

果实形态

10189C

母树来源于北京市杜仲公园，通过嫁接方式保存于中国林科院经济林研究所原阳国家杜仲种质资源库。

树势中庸，树姿半开张，成枝力中等，萌芽力中等，节间距2.07cm。叶片椭圆形，叶片长12.53cm，叶片宽6.87cm，叶面积56.47cm²，叶柄长1.86cm。

雌花单生，形如花瓶，子房狭长，柱头2裂，1室，胚珠2枚，倒生。果实椭圆形，果长2.86cm，果宽1.01cm，果厚1.81mm，果实百粒重7.52g，种仁长1.22cm，种仁宽0.31cm，种仁厚1.40mm。果皮杜仲橡胶含量15.6%，种仁粗脂肪含量32.6%，粗脂肪中α-亚麻酸含量59.3%。

叶形

雌花形态

开花枝

树形

结果枝

果实形态

10191C

　　母树来源于北京市杜仲公园，通过嫁接方式保存于中国林科院经济林研究所原阳国家杜仲种质资源库。

　　树势中庸，树姿半开张，成枝力中等，萌芽力中等，节间距1.57cm。叶片椭圆形，叶缘锯齿，叶尖尾尖，基部偏形，叶片长12.79cm，叶片宽6.00cm，叶面积49.17cm²，叶柄长1.62cm。

　　雌花单生，形如花瓶，子房狭长，柱头2裂，1室，胚珠2枚，倒生。果实偏椭圆形，果长3.24cm，果宽1.06cm，果厚1.64mm，果实百粒重7.86g，种仁长1.42cm，种仁宽0.28cm，种仁厚1.27mm。果皮杜仲橡胶含量16.2%，种仁粗脂肪含量30.0%，粗脂肪中α-亚麻酸含量58.7%。

雌花形态

开花枝

树形

结果枝

果实形态

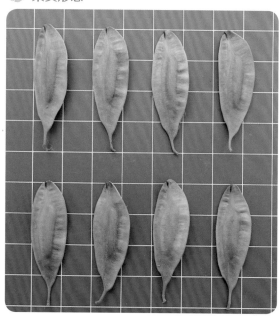

10200C

母树来源于北京市杜仲公园，通过嫁接方式保存于中国林科院经济林研究所原阳国家杜仲种质资源库。

树势强，树姿半开张，成枝力中等，萌芽力中等，节间距2.30cm。叶片长椭圆形，叶缘钝齿，叶尖尾尖，基部偏形，叶片长13.60cm，叶片宽6.38cm，叶面积57.12cm²，叶柄长1.95cm。

雌花单生，形如花瓶，子房狭长，柱头2裂，1室，胚珠2枚，倒生。果实椭圆形，果长2.90cm，果宽1.08cm，果厚2.17mm，果实百粒重8.34g，种仁长1.25cm，种仁宽0.31cm，种仁厚1.54mm。果皮杜仲橡胶含量15.6%，种仁粗脂肪含量33.4%，粗脂肪中α-亚麻酸含量60.6%。

叶形

雌花形态

开花枝

树形

结果枝

果实形态

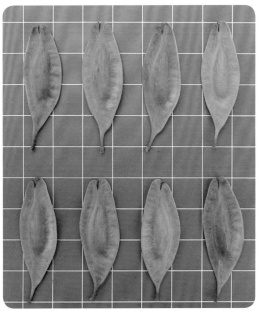

10203C

叶形

母树来源于北京市杜仲公园，通过嫁接方式保存于中国林科院经济林研究所原阳国家杜仲种质资源库。

树势弱，树姿开张，成枝力中等，萌芽力弱，节间距2.08cm。叶片倒卵形，叶缘钝齿，叶尖尾尖，基部楔形，叶片长9.42cm，叶片宽5.05cm，叶面积32.40cm²，叶柄长1.40cm。

雌花单生，形如花瓶，子房狭长，柱头2裂，1室，胚珠2枚，倒生。果实弯刀形，果长2.88cm，果宽1.03cm，果厚1.74mm，果实百粒重7.42g，种仁长1.25cm，种仁宽0.29cm，种仁厚1.34mm。果皮杜仲橡胶含量17.0%，种仁粗脂肪含量32.1%，粗脂肪中α-亚麻酸含量59.3%。

雌花形态

开花枝

树形

结果枝

果实形态
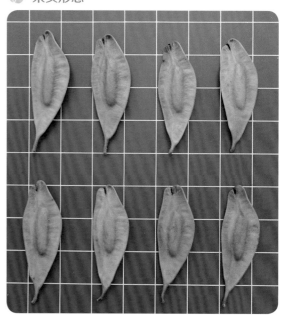

10210C

叶形

　　母树来源于北京市杜仲公园，通过嫁接方式保存于中国林科院经济林研究所原阳国家杜仲种质资源库。

　　树势弱，树姿开张，成枝力中等，萌芽力中等，节间距2.33cm。叶片长椭圆形，叶缘锯齿，叶尖尾尖，基部楔形，叶片长12.12cm，叶片宽5.78cm，叶面积45.15cm²，叶柄长1.32cm。

　　雌花单生，形如花瓶，子房狭长，柱头2裂，1室，胚珠2枚，倒生。果实纺锤形，果长3.35cm，果宽1.09cm，果厚1.89mm，果实百粒重8.62g，种仁长1.30cm，种仁宽0.30cm，种仁厚1.34mm。果皮杜仲橡胶含量15.7%，种仁粗脂肪含量31.4%，粗脂肪中α-亚麻酸含量58.1%。

雌花形态

开花枝

树形

结果枝

果实形态

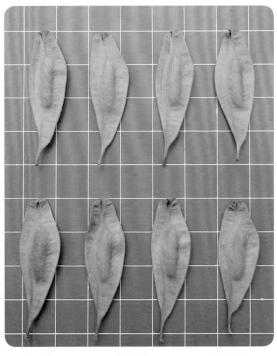

10222C

　　母树来源于北京市杜仲公园，通过嫁接方式保存于中国林科院经济林研究所原阳国家杜仲种质资源库。

　　树势强，树姿半开张，成枝力中等，萌芽力强，节间距1.92cm。叶片椭圆形，叶缘钝齿，叶尖锐尖，基部心形，叶片长11.18cm，叶片宽5.22cm，叶面积35.95cm^2，叶柄长1.40cm。

　　雌花单生，形如花瓶，子房狭长，柱头2裂，1室，胚珠2枚，倒生。果实弯月形，果长2.67cm，果宽1.06cm，果厚1.72mm，果实百粒重6.55g，种仁长1.19cm，种仁宽0.28cm，种仁厚1.32mm。果皮杜仲橡胶含量15.4%，种仁粗脂肪含量33.7%，粗脂肪中α-亚麻酸含量60.2%。

🌱 叶形

🌱 雌花形态

🌱 开花枝

🌱 树形

🌱 结果枝

🌱 果实形态

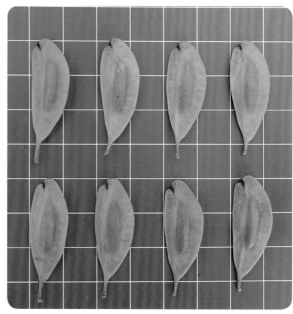

10231C

母树来源于北京市杜仲公园，通过嫁接方式保存于中国林科院经济林研究所原阳国家杜仲种质资源库。

树势中庸，树姿半开张，成枝力强，萌芽力中等，节间距2.14cm。叶片倒卵形，叶缘钝齿，叶尖尾尖，基部楔形，叶片长12.96cm，叶片宽6.33cm，叶面积53.07cm²，叶柄长1.69cm。

雌花单生，形如花瓶，子房狭长，柱头2裂，1室，胚珠2枚，倒生。果实长椭圆形，果长2.98cm，果宽0.94cm，果厚1.75mm，果实百粒重6.90g，种仁长1.21cm，种仁宽0.28cm，种仁厚1.30mm。果皮杜仲橡胶含量16.4%，种仁粗脂肪含量33.0%，粗脂肪中α-亚麻酸含量62.8%。

 叶形

 雌花形态

 开花枝

 树形

 结果枝

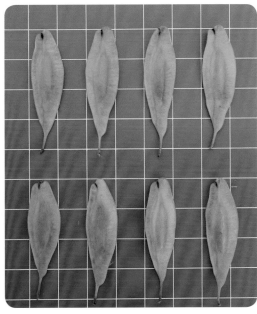 果实形态

10233C

母树来源于北京市杜仲公园，通过嫁接方式保存于中国林科院经济林研究所原阳国家杜仲种质资源库。

树势中庸，树姿半开张，成枝力中等，萌芽力强，节间距2.11cm。叶片阔椭圆形，叶缘牙齿，叶尖渐尖，基部心形，叶片长14.03cm，叶片宽7.10cm，叶面积65.35cm²，叶柄长1.65cm。

雌花单生，形如花瓶，子房狭长，柱头2裂，1室，胚珠2枚，倒生。果实椭圆形，果长2.86cm，果宽1.20cm，果厚1.97mm，果实百粒重8.44g，种仁长1.32cm，种仁宽0.29cm，种仁厚1.35mm。果皮杜仲橡胶含量16.9%，种仁粗脂肪含量29.7%，粗脂肪中α-亚麻酸含量58.7%。

雌花形态

开花枝

树形

结果枝

果实形态

10238C

母树来源于北京市杜仲公园，通过嫁接方式保存于中国林科院经济林研究所原阳国家杜仲种质资源库。

树势中庸，树姿半开张，成枝力弱，萌芽力弱，节间距1.88cm。叶片倒卵形，叶缘锯齿，叶尖尾尖，基部楔形，叶片长13.71cm，叶片宽6.50cm，叶面积56.51cm²，叶柄长1.58cm。

雌花单生，形如花瓶，子房狭长，柱头2裂，1室，胚珠2枚，倒生。果实椭圆形，果长2.87cm，果宽0.98cm，果厚1.49mm，果实百粒重6.66g，种仁长1.22cm，种仁宽0.25cm，种仁厚1.34mm。果皮杜仲橡胶含量15.7%，种仁粗脂肪含量34.1%，粗脂肪中α-亚麻酸含量63.4%。

叶形

雌花形态

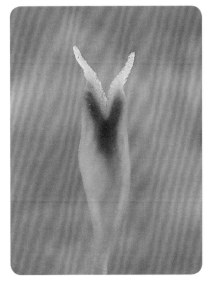

开花枝

树形

结果枝

果实形态

10239C

　　母树来源于北京市杜仲公园，通过嫁接方式保存于中国林科院经济林研究所原阳国家杜仲种质资源库。

　　树势中庸，树姿半开张，成枝力强，萌芽力强，节间距2.09cm。叶片椭圆形，叶缘锯齿，叶尖渐尖，基部偏形，叶片长10.89cm，叶片宽5.39cm，叶面积38.07cm²，叶柄长1.19cm。

　　雌花单生，形如花瓶，子房狭长，柱头2裂，1室，胚珠2枚，倒生。果实椭圆形，果长2.71cm，果宽0.98cm，果厚2.07mm，果实百粒重6.60g，种仁长1.08cm，种仁宽0.30cm，种仁厚1.54mm。果皮杜仲橡胶含量15.0%，种仁粗脂肪含量29.3%，粗脂肪中α-亚麻酸含量58.7%。

雌花形态

开花枝

树形

结果枝

果实形态

10243C

　　母树来源于北京市杜仲公园，通过嫁接方式保存于中国林科院经济林研究所原阳国家杜仲种质资源库。

　　树势中庸，树姿开张，成枝力中等，萌芽力强，节间距2.45cm。叶片倒卵形，叶缘钝齿，叶尖尾尖，基部楔形，叶片长11.75cm，叶片宽6.10cm，叶面积44.78cm^2，叶柄长1.86cm。

　　雌花单生，形如花瓶，子房狭长，柱头2裂，1室，胚珠2枚，倒生。果实椭圆形，果长3.19cm，果宽1.04cm，果厚1.77mm，果实百粒重7.22g，种仁长1.31cm，种仁宽0.31cm，种仁厚1.33mm。果皮杜仲橡胶含量15.4%，种仁粗脂肪含量28.3%，粗脂肪中α-亚麻酸含量58.4%。

🌱 叶形

🌱 雌花形态

🌱 开花枝

🌱 树形

🌱 结果枝

🌱 果实形态

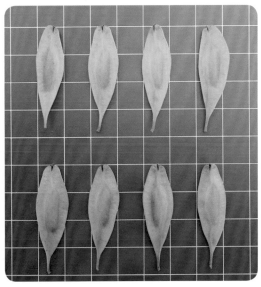

10244C

母树来源于北京市杜仲公园，通过嫁接方式保存于中国林科院经济林研究所原阳国家杜仲种质资源库。

树势中庸，树姿半开张，成枝力中等，萌芽力中等，节间距2.02cm。叶片椭圆形，叶缘钝齿，叶尖尾尖，基部心形，叶片长12.34cm，叶片宽5.89cm，叶面积47.69cm²，叶柄长2.16cm。

雌花单生，形如花瓶，子房狭长，柱头2裂，1室，胚珠2枚，倒生。果实椭圆形，果长2.81cm，果宽1.05cm，果厚1.84mm，果实百粒重7.38g，种仁长1.22cm，种仁宽0.29cm，种仁厚1.36mm。果皮杜仲橡胶含量18.4%，种仁粗脂肪含量28.3%，粗脂肪中α-亚麻酸含量58.4%。

叶形

雌花形态

开花枝

树形

结果枝组

果实形态

10246C

母树来源于北京市杜仲公园，通过嫁接方式保存于中国林科院经济林研究所原阳国家杜仲种质资源库。

树势弱，树姿半开张，成枝力弱，萌芽力强，节间距1.98cm。叶片椭圆形，叶缘全缘，叶尖尾尖，基部楔形，叶片长12.28cm，叶片宽5.98cm，叶面积46.88cm²，叶柄长1.91cm。

雌花单生，形如花瓶，子房狭长，柱头2裂，1室，胚珠2枚，倒生。果实椭圆形，果长3.11cm，果宽1.06cm，果厚2.12mm，果实百粒重8.89g，种仁长1.62cm，种仁宽0.31cm，种仁厚1.62mm。果皮杜仲橡胶含量16.0%，种仁粗脂肪含量32.6%，粗脂肪中α-亚麻酸含量63.3%。

叶形

雌花形态

开花枝

树形

结果枝

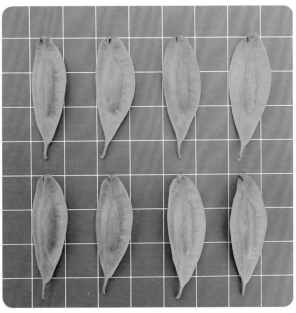

果实形态

10247C

叶形

母树来源于北京市杜仲公园，通过嫁接方式保存于中国林科院经济林研究所原阳国家杜仲种质资源库。

树势中庸，树姿半开张，成枝力强，萌芽力中等，节间距2.60cm。叶片卵形，叶缘钝齿，叶尖尾尖，基部心形，叶片长10.81cm，叶片宽5.04cm，叶面积34.04cm²，叶柄长1.42cm。

雌花单生，形如花瓶，子房狭长，柱头2裂，1室，胚珠2枚，倒生。果实弯月形，果长3.34cm，果宽1.13cm，果厚1.75mm，果实百粒重7.96g，种仁长1.32cm，种仁宽0.49cm，种仁厚1.25mm。果皮杜仲橡胶含量15.2%，种仁粗脂肪含量33.3%，粗脂肪中α-亚麻酸含量58.6%。

雌花形态

开花枝

树形

结果枝

果实形态

10249C

母树来源于北京市杜仲公园，通过嫁接方式保存于中国林科院经济林研究所原阳国家杜仲种质资源库。

树势中庸，树姿半开张，成枝力中等，萌芽力弱，节间距1.72cm。叶片椭圆形，叶缘钝齿，叶尖尾尖，基部偏形，叶片长11.82cm，叶片宽5.74cm，叶面积44.93cm²，叶柄长1.90cm。

雌花单生，形如花瓶，子房狭长，柱头2裂，1室，胚珠2枚，倒生。果实椭圆形，果长2.97cm，果宽1.03cm，果厚1.86mm，果实百粒重6.97g，种仁长1.17cm，种仁宽0.26cm，种仁厚1.34mm。果皮杜仲橡胶含量14.0%，种仁粗脂肪含量30.1%，粗脂肪中α-亚麻酸含量58.6%。

叶形

雌花形态

开花枝

树形

结果枝

果实形态

10250C

　　母树来源于北京市杜仲公园，通过嫁接方式保存于中国林科院经济林研究所原阳国家杜仲种质资源库。

　　树势中庸，树姿半开张，成枝力中等，萌芽力弱，节间距1.86cm。叶片椭圆形，叶缘牙齿，叶尖尾尖，基部偏形，叶片长13.03cm，叶片宽6.58cm，叶面积57.26cm²，叶柄长1.74cm。

　　雌花单生，形如花瓶，子房狭长，柱头2裂，1室，胚珠2枚，倒生。果实梭形，果长3.89cm，果宽1.15cm，果厚1.74mm，果实百粒重8.55g，种仁长1.54cm，种仁宽0.29cm，种仁厚1.31mm。果皮杜仲橡胶含量16.4%，种仁粗脂肪含量30.6%，粗脂肪中α-亚麻酸含量61.2%。

🌱 叶形

🌱 雌花形态

🌱 开花枝

🌱 树形

🌱 结果枝

🌱 果实形态

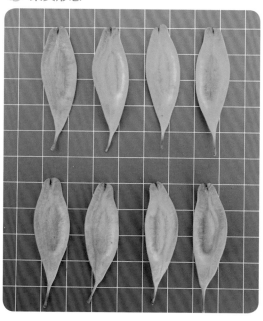

10255C

母树来源于北京市杜仲公园，通过嫁接方式保存于中国林科院经济林研究所原阳国家杜仲种质资源库。

树势强，树姿半开张，成枝力中等，萌芽力强，节间距2.84cm。叶片阔椭圆形，叶缘锯齿，叶尖尾尖，基部心形，叶片长13.48cm，叶片宽5.31cm，叶面积44.90cm^2，叶柄长1.54cm。

雌花单生，形如花瓶，子房狭长，柱头2裂，1室，胚珠2枚，倒生。果实偏椭圆形，果长2.84cm，果宽1.18cm，果厚2.16mm，果实百粒重9.18g，种仁长1.17cm，种仁宽0.30cm，种仁厚1.41mm。果皮杜仲橡胶含量16.8%，种仁粗脂肪含量27.5%，粗脂肪中α-亚麻酸含量60.6%。

🍃 叶形

🍃 雌花形态

🍃 开花枝

🍃 树形

🍃 结果枝

🍃 果实形态

10257C

叶形

母树来源于北京市杜仲公园，通过嫁接方式保存于中国林科院经济林研究所原阳国家杜仲种质资源库。

树势较弱，树姿半开张，成枝力中等，萌芽力中等，节间距2.68cm。叶片椭圆形，叶缘锯齿，叶尖尾尖，基部楔形，叶片长11.53cm，叶片宽5.12cm，叶面积36.89cm²，叶柄长1.77cm。

雌花单生，形如花瓶，子房狭长，柱头2裂，1室，胚珠2枚，倒生。果实椭圆形，果长3.27cm，果宽1.01cm，果厚1.68mm，果实百粒重8.27g，种仁长1.44cm，种仁宽0.28cm，种仁厚1.30mm。果皮杜仲橡胶含量14.8%，种仁粗脂肪含量34.5%，粗脂肪中α-亚麻酸含量60.8%。

雌花形态

开花枝

树形

结果枝

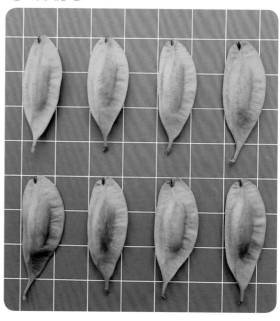
果实形态

10259C

母树来源于北京市杜仲公园，通过嫁接方式保存于中国林科院经济林研究所原阳国家杜仲种质资源库。

树势中庸，树姿半开张，成枝力中等，萌芽力弱，节间距1.98cm。叶片椭圆形，叶缘钝齿，叶尖尾尖，基部楔形，叶片长13.59cm，叶片宽6.41cm，叶面积54.53cm^2，叶柄长1.64cm。

雌花单生，形如花瓶，子房狭长，柱头2裂，1室，胚珠2枚，倒生。果实弯月形，果长3.01cm，果宽1.01cm，果厚1.73mm，果实百粒重7.53，种仁长1.22cm，种仁宽0.30cm，种仁厚1.35mm。果皮杜仲橡胶含量16.9%，种仁粗脂肪含量31.3%，粗脂肪中α-亚麻酸含量65.0%。

雌花形态

开花枝

树形

结果枝

果实形态

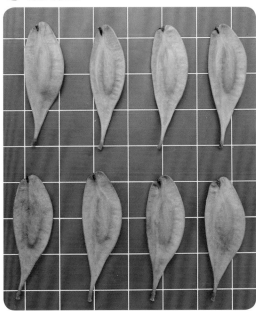

10264C

　　母树来源于北京市杜仲公园，通过嫁接方式保存于中国林科院经济林研究所原阳国家杜仲种质资源库。

　　树势中庸，树姿半开张，成枝力中等，萌芽力强，节间距2.02cm。叶片椭圆形，叶缘钝齿，叶尖尾尖，基部楔形，叶片长12.41cm，叶片宽6.16cm，叶面积49.69cm^2，叶柄长1.71cm。

　　雌花单生，形如花瓶，子房狭长，柱头2裂，1室，胚珠2枚，倒生。果实长椭圆形，果长3.32cm，果宽1.04cm，果厚1.76mm，果实百粒重8.06g，种仁长1.39cm，种仁宽0.27cm，种仁厚1.31mm。果皮杜仲橡胶含量15.5%，种仁粗脂肪含量30.9%，粗脂肪中α-亚麻酸含量56.7%。

雌花形态

开花枝

树形

结果枝

果实形态

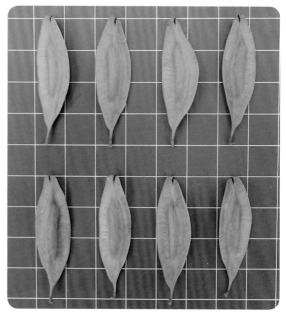

10265C

母树来源于北京市杜仲公园，通过嫁接方式保存于中国林科院经济林研究所原阳国家杜仲种质资源库。

树势中庸，树姿半开张，成枝力强，萌芽力中等，节间距2.47cm。叶片倒卵形，叶缘牙齿，叶尖尾尖，基部楔形，叶片长13.10cm，叶片宽7.02cm，叶面积56.24cm^2，叶柄长1.47cm。

雌花单生，形如花瓶，子房狭长，柱头2裂，1室，胚珠2枚，倒生。果实椭圆形，果长3.39cm，果宽1.25cm，果厚2.11mm，果实百粒重9.10g，种仁长1.37cm，种仁宽0.34cm，种仁厚1.41mm。果皮杜仲橡胶含量17.5%，种仁粗脂肪含量32.5%，粗脂肪中α-亚麻酸含量60.5%。

🌿 叶形

🌿 雌花形态

🌿 开花枝

🌿 树形

🌿 结果枝组

🌿 果实形态

10267C

母树来源于北京市杜仲公园，通过嫁接方式保存于中国林科院经济林研究所原阳国家杜仲种质资源库。

树势中庸，树姿开张，成枝力中等，萌芽力中等，节间距2.30cm。叶片阔椭圆形，叶缘锯齿，叶尖渐尖，基部心形，叶片长10.77cm，叶片宽5.71cm，叶面积40.64cm²，叶柄长1.22cm。

雌花单生，形如花瓶，子房狭长，柱头2裂，1室，胚珠2枚，倒生，花期比普通杜仲晚5～7天。果实偏椭圆形，果长3.10cm，果宽1.07cm，果厚1.90mm，果实百粒重8.12g，种仁长1.30cm，种仁宽0.30cm，种仁厚1.37mm。果皮杜仲橡胶含量16.4%，种仁粗脂肪含量28.4%，粗脂肪中α-亚麻酸含量61.1%。

🌿 叶形

🌿 雌花形态

🌿 开花枝

🌿 树形

🌿 结果枝

🌿 果实形态

10270C

母树来源于北京市杜仲公园，通过嫁接方式保存于中国林科院经济林研究所原阳国家杜仲种质资源库。

树势强，树姿开张，成枝力中等，萌芽力强，节间距2.26cm。叶片椭圆形，叶缘钝齿，叶尖尾尖，基部楔形，叶片长13.17cm，叶片宽6.23cm，叶面积53.63cm²，叶柄长1.87cm。

雌花单生，形如花瓶，子房狭长，柱头2裂，1室，胚珠2枚，倒生。果实椭圆形，果长2.69cm，果宽1.04cm，果厚1.91mm，果实百粒重7.43g，种仁长1.02cm，种仁宽0.29cm，种仁厚1.26mm。果皮杜仲橡胶含量16.5%，种仁粗脂肪含量30.7%，粗脂肪中α-亚麻酸含量61.8%。

🌿 叶形

🌿 雌花形态

🌿 开花枝

🌿 树形

🌿 结果枝

🌿 果实形态

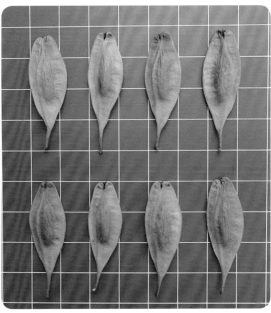

10275C

母树来源于北京市杜仲公园，通过嫁接方式保存于中国林科院经济林研究所原阳国家杜仲种质资源库。

树势中庸，树姿直立，成枝力中等，萌芽力中等，节间距 2.00cm。叶片椭圆形，叶缘锯齿，叶尖尾尖，基部圆形，叶片长 13.54cm，叶片宽 6.83cm，叶面积 60.82cm^2，叶柄长 1.41cm。

雌花单生，形如花瓶，子房狭长，柱头 2 裂，1 室，胚珠 2 枚，倒生。果实椭圆形，果长 2.95cm，果宽 1.12cm，果厚 1.71mm，果实百粒重 9.26g，种仁长 1.44cm，种仁宽 0.33cm，种仁厚 1.53mm。果皮杜仲橡胶含量 14.7%，种仁粗脂肪含量 33.9%，粗脂肪中 α-亚麻酸含量 62.9%。

雌花形态

开花枝

树形

结果枝

果实形态

10277C

　　母树来源于北京市杜仲公园，通过嫁接方式保存于中国林科院经济林研究所原阳国家杜仲种质资源库。

　　树势弱，树姿半开张，成枝力中等，萌芽力弱，节间距2.52cm。叶片倒卵形，叶缘钝齿，叶尖渐尖，基部楔形，叶片长12.67cm，叶片宽6.61cm，叶面积54.81cm^2，叶柄长1.71cm。

　　雌花单生，形如花瓶，子房狭长，柱头2裂，1室，胚珠2枚，倒生。果实椭圆形，果长2.97cm，果宽1.08cm，果厚1.75mm，果实百粒重8.32g，种仁长1.40cm，种仁宽0.27cm，种仁厚1.31mm。果皮杜仲橡胶含量15.2%，种仁粗脂肪含量31.1%，粗脂肪中α-亚麻酸含量62.7%。

叶形

雌花形态

开花枝

树形

结果枝

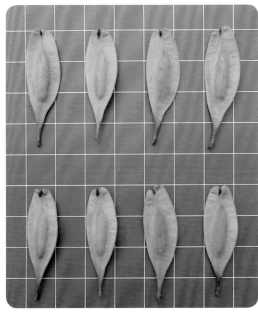
果实形态

10278C

母树来源于北京市杜仲公园，通过嫁接方式保存于中国林科院经济林研究所原阳国家杜仲种质资源库。

树势中庸，树姿开张，成枝力中等，萌芽力中等，节间距3.44cm。叶片长椭圆形，叶缘牙齿，叶尖尾尖，基部楔形，叶片长11.65cm，叶片宽5.09cm，叶面积46.51cm^2，叶柄长1.84cm。

雌花单生，形如花瓶，子房狭长，柱头2裂，1室，胚珠2枚，倒生。果实椭圆形，果长2.87cm，果宽0.97cm，果厚1.90mm，果实百粒重7.19g，种仁长1.31cm，种仁宽0.29cm，种仁厚1.36mm。果皮杜仲橡胶含量17.8%，种仁粗脂肪含量33.4%，粗脂肪中α-亚麻酸含量60.0%。

叶形

雌花形态

开花枝

树形

结果枝

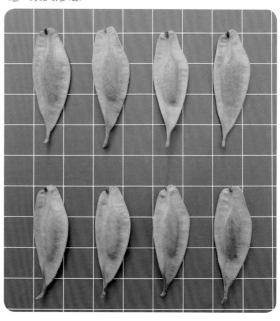
果实形态

10369C

叶形

　　母树来源于北京市杜仲公园，通过嫁接方式保存于中国林科院经济林研究所原阳国家杜仲种质资源库。

　　树势中庸，树姿开张，成枝力中等，萌芽力强，节间距2.01cm。叶片椭圆形，叶缘锯齿，叶尖尾尖，基部楔形，叶片长13.56cm，叶片宽6.26cm，叶面积54.21cm²，叶柄长1.45cm。

　　雌花单生，形如花瓶，子房狭长，柱头2裂，1室，胚珠2枚，倒生。果实椭圆形，果长2.63cm，果宽0.87cm，果厚1.71mm，果实百粒重4.32g，种仁长0.99cm，种仁宽0.23cm，种仁厚1.05mm。果皮杜仲橡胶含量15.2%，种仁粗脂肪含量30.3%，粗脂肪中α-亚麻酸含量61.9%。

雌花形态

开花枝

树形

结果枝

果实形态

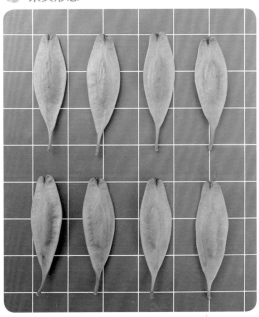

10399C

叶形

　　母树来源于北京市杜仲公园，通过嫁接方式保存于中国林科院经济林研究所原阳国家杜仲种质资源库。

　　树势中庸，树姿半开张，成枝力强，萌芽力中等，节间距1.90cm。叶片倒卵形，叶缘锯齿，叶尖尾尖，基部偏形，叶片长14.40cm，叶片宽6.73cm，叶面积62.92cm²，叶柄长1.79cm。

　　雌花单生，形如花瓶，子房狭长，柱头2裂，1室，胚珠2枚，倒生。果实椭圆形，果长3.37cm，果宽0.91cm，果厚1.76mm，果实百粒重7.64g，种仁长1.40cm，种仁宽0.28cm，种仁厚1.46mm。果皮杜仲橡胶含量15.2%，种仁粗脂肪含量31.2%，粗脂肪中α-亚麻酸含量60.1%。

雌花形态

开花枝

树形

结果枝

果实形态

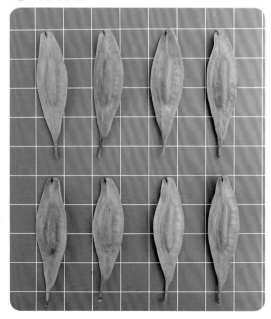

10413C

母树来源于贵州省遵义市，通过嫁接方式保存于中国林科院经济林研究所原阳国家杜仲种质资源库。

树势中庸，树姿半开张，成枝力中等，萌芽力中等，节间距2.02cm。叶片长椭圆形，叶缘锯齿，叶尖尾尖，基部偏形，叶片长15.43cm，叶片宽6.65cm，叶面积68.37cm²，叶柄长1.78cm。

雌花单生，形如花瓶，子房狭长，柱头2裂，1室，胚珠2枚，倒生。果实长椭圆形，果长3.10cm，果宽1.07cm，果厚1.90mm，果实百粒重8.12g，种仁长1.30cm，种仁宽0.30cm，种仁厚1.37mm。果皮杜仲橡胶含量16.5%，种仁粗脂肪含量31.5%，粗脂肪中α-亚麻酸含量59.3%。

雌花形态

开花枝

树形

结果枝

果实形态

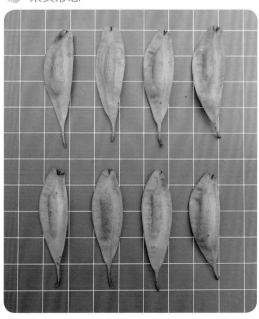

10415C

　　母树来源于贵州省遵义市，通过嫁接方式保存于中国林科院经济林研究所原阳国家杜仲种质资源库。

　　树势中庸，树姿半开张，成枝力强，萌芽力强，节间距2.62cm。叶片椭圆形，叶缘钝齿，叶尖尾尖，基部楔形，叶片长11.50cm，叶片宽5.41cm，叶面积40.44cm^2，叶柄长1.57cm。

　　雌花单生，形如花瓶，子房狭长，柱头2裂，1室，胚珠2枚，倒生。果实椭圆形，果长2.91cm，果宽1.00cm，果厚1.76mm，果实百粒重7.10g，种仁长1.18cm，种仁宽0.28cm，种仁厚1.18mm。果皮杜仲橡胶含量15.9%，种仁粗脂肪含量25.5%，粗脂肪中α-亚麻酸含量58.3%。

雌花形态

开花枝

树形

结果枝组

果实形态

10426C

母树来源于山东省青州市，通过嫁接方式保存于中国林科院经济林研究所原阳国家杜仲种质资源库。

树势中庸，树姿半开张，成枝力中等，萌芽力强，节间距 2.00cm。叶片椭圆形，叶缘锯齿，叶尖尾尖，基部偏形，叶片长 12.79cm，叶片宽 6.74cm，叶面积 56.74cm²，叶柄长 1.78cm。

雌花单生，形如花瓶，子房狭长，柱头 2 裂，1 室，胚珠 2 枚，倒生。果实纺锤形，果长 3.09cm，果宽 1.01cm，果厚 1.81mm，果实百粒重 8.10g，种仁长 1.32cm，种仁宽 0.31cm，种仁厚 1.37mm。果皮杜仲橡胶含量 14.5%，种仁粗脂肪含量 30.9%，粗脂肪中 α- 亚麻酸含量 59.0%。

叶形

雌花形态

开花枝

树形

结果枝

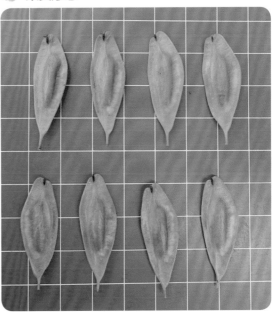
果实形态

10428C

　　母树来源于河南省汝阳县，通过嫁接方式保存于中国林科院经济林研究所原阳国家杜仲种质资源库。

　　树势中庸，树姿半开张，成枝力弱，萌芽力弱，节间距1.81cm。叶片椭圆形，叶缘锯齿，叶尖尾尖，基部楔形，叶片长13.58cm，叶片宽6.81cm，叶面积62.35cm^2，叶柄长1.87cm。

　　雌花单生，形如花瓶，子房狭长，柱头2裂，1室，胚珠2枚，倒生，花期比普通杜仲晚7～10天。果实偏椭圆形，果长3.27cm，果宽1.13cm，果厚1.94mm，果实百粒重8.12g，种仁长1.25cm，种仁宽0.30cm，种仁厚1.22mm。果皮杜仲橡胶含量17.5%，种仁粗脂肪含量29.6%，粗脂肪中α-亚麻酸含量61.1%。

雌花形态

开花枝

树形

结果枝

果实形态

10433C

母树来源于河南省汝阳县，通过嫁接方式保存于中国林科院经济林研究所原阳国家杜仲种质资源库。

树势中庸，树姿半开张，成枝力中等，萌芽力中等，节间距2.35cm。叶片阔椭圆形，叶缘牙齿，叶尖尾尖，基部偏形，叶片长13.03cm，叶片宽6.81cm，叶面积56.17cm²，叶柄长1.76cm。

雌花单生，形如花瓶，子房狭长，柱头2裂，1室，胚珠2枚，倒生。果实椭圆形，果长2.66cm，果宽1.07cm，果厚1.91mm，果实百粒重6.62g，种仁长1.22cm，种仁宽0.31cm，种仁厚1.34mm。果皮杜仲橡胶含量15.5%，种仁粗脂肪含量31.8%，粗脂肪中α-亚麻酸含量59.3%。

 叶形

 雌花形态

 开花枝

 树形

 结果枝

 果实形态

10435C

母树来源于河南省汝阳县，通过嫁接方式保存于中国林科院经济林研究所原阳国家杜仲种质资源库。

树势中庸，树姿半开张，成枝力弱，萌芽力弱，节间距2.47cm。叶片椭圆形，叶缘锯齿，叶尖尾尖，基部楔形，叶片长11.94cm，叶片宽5.56cm，叶面积43.58cm²，叶柄长1.63cm。

雌花单生，形如花瓶，子房狭长，柱头2裂，1室，胚珠2枚，倒生。果实梭形，果长2.68cm，果宽0.93cm，果厚1.68mm，果实百粒重5.94g，种仁长1.08cm，种仁宽0.27cm，种仁厚1.29mm。果皮杜仲橡胶含量14.0%，种仁粗脂肪含量31.9%，粗脂肪中α-亚麻酸含量58.8%。

雌花形态

开花枝

树形

结果枝

果实形态

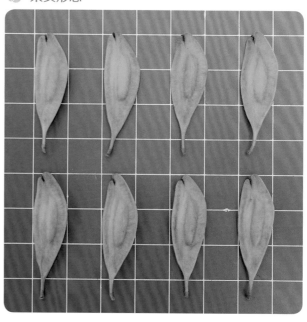

10473C

叶形

母树来源于江苏省响水县，通过嫁接方式保存于中国林科院经济林研究所原阳国家杜仲种质资源库。

树势中庸，树姿半开张，成枝力弱，萌芽力强，节间距2.03cm。叶片阔椭圆形，叶缘锯齿，叶尖尾尖，基部圆形，叶片长13.26cm，叶片宽7.19cm，叶面积62.03cm²，叶柄长2.24cm。

雌花单生，形如花瓶，子房狭长，柱头2裂，1室，胚珠2枚，倒生。果实椭圆形，果长3.30cm，果宽1.00cm，果厚1.99mm，果实百粒重7.71g，种仁长1.34cm，种仁宽0.29cm，种仁厚1.51mm。果皮杜仲橡胶含量14.1%，种仁粗脂肪含量27.6%，粗脂肪中α-亚麻酸含量59.4%。

雌花形态

开花枝

树形

结果枝

果实形态

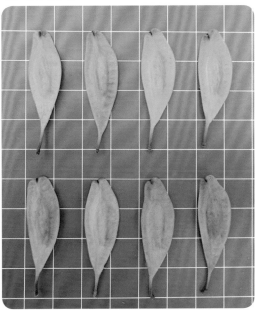

10474C

叶形

母树来源于江苏省响水县，通过嫁接方式保存于中国林科院经济林研究所原阳国家杜仲种质资源库。

树势中庸，树姿半开张，成枝力中等，萌芽力中等，节间距2.03cm。叶片长椭圆形，叶缘锯齿，叶尖尾尖，基部偏形，叶片长12.26cm，叶片宽5.91cm，叶面积43.22cm²，叶柄长1.68cm。

雌花单生，形如花瓶，子房狭长，柱头2裂，1室，胚珠2枚，倒生，花期比普通杜仲晚5～7天。果实椭圆形，果长3.25cm，果宽1.10cm，果厚2.27mm，果实百粒重8.91g，种仁长1.34cm，种仁宽0.28cm，种仁厚1.55mm。果皮杜仲橡胶含量16.9%，种仁粗脂肪含量31.7%，粗脂肪中α-亚麻酸含量60.1%。

雌花形态

开花枝

树形

结果枝组

果实形态

10476C

叶形

母树来源于江苏省响水县,通过嫁接方式保存于中国林科院经济林研究所原阳国家杜仲种质资源库。

树势强,树姿半开张,成枝力中等,萌芽力中等,节间距2.02cm。叶片椭圆形,叶缘锯齿,叶尖尾尖,基部偏形,叶片长10.15cm,叶片宽4.90cm,叶面积31.70cm²,叶柄长1.37cm。

雌花单生,形如花瓶,子房狭长,柱头2裂,1室,胚珠2枚,倒生,花期比普通杜仲晚7～10天。果实椭圆形,果长3.10cm,果宽1.07cm,果厚1.90mm,果实百粒重8.12g,种仁长1.30cm,种仁宽0.30cm,种仁厚1.37mm。果皮杜仲橡胶含量14.1%,种仁粗脂肪含量29.7%,粗脂肪中α-亚麻酸含量57.5%。

雌花形态

开花枝

树形

结果枝

果实形态

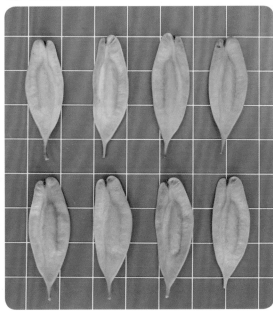

10480C

母树来源于江苏省响水县，通过嫁接方式保存于中国林科院经济林研究所原阳国家杜仲种质资源库。

树势强，树姿半开张，成枝力中等，萌芽力强，节间距2.09cm。叶片椭圆形，叶缘锯齿，叶尖尾尖，基部楔形，叶片长11.70cm，叶片宽5.39cm，叶面积39.71cm^2，叶柄长1.94cm。

雌花单生，形如花瓶，子房狭长，柱头2裂，1室，胚珠2枚，倒生，花期比普通杜仲晚7～10天。果实椭圆形，果长2.95cm，果宽0.98cm，果厚2.03mm，果实百粒重9.01g，种仁长1.33cm，种仁宽0.32cm，种仁厚1.58mm。果皮杜仲橡胶含量14.3%，种仁粗脂肪含量31.0%，粗脂肪中α-亚麻酸含量57.9%。

雌花形态

开花枝

树形

结果枝

果实形态

10493C

　　母树来源于河南省延津县，通过嫁接方式保存于中国林科院经济林研究所原阳国家杜仲种质资源库。

　　树势强，树姿半开张，成枝力中等，萌芽力中等，节间距2.88cm。叶片倒卵形，叶缘锯齿，叶尖尾尖，基部偏形，叶片长12.84cm，叶片宽6.85cm，叶面积58.74cm²，叶柄长2.00cm。

　　雌花单生，形如花瓶，子房狭长，柱头2裂，1室，胚珠2枚，倒生，花期比普通杜仲晚5～7天。果实纺锤形，果长2.99cm，果宽1.05cm，果厚1.81mm，果实百粒重6.94g，种仁长1.17cm，种仁宽0.26cm，种仁厚1.16mm。果皮杜仲橡胶含量14.3%，种仁粗脂肪含量29.9%，粗脂肪中α-亚麻酸含量57.1%。

 叶形

 雌花形态

 开花枝

 树形

 结果枝

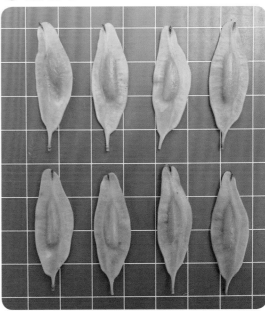 果实形态

10506C

母树来源于河南省洛阳市，通过嫁接方式保存于中国林科院经济林研究所原阳国家杜仲种质资源库。

树势强，树姿半开张，成枝力弱，萌芽力强，节间距2.96cm。叶片阔椭圆形，叶缘牙齿，叶尖尾尖，基部圆形，叶片长12.34cm，叶片宽7.16cm，叶面积54.97cm^2，叶柄长1.81cm。

雌花单生，形如花瓶，子房狭长，柱头2裂，1室，胚珠2枚，倒生。果实偏椭圆形，果长3.05cm，果宽1.20cm，果厚1.82mm，果实百粒重8.54g，种仁长1.14cm，种仁宽0.30cm，种仁厚1.26mm。果皮杜仲橡胶含量17.0%，种仁粗脂肪含量28.5%，粗脂肪中α-亚麻酸含量55.7%。

叶形

雌花形态

开花枝

树形

结果枝

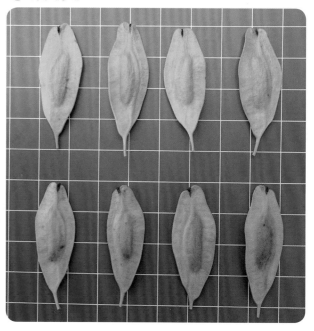

果实形态

10509C

叶形

　　母树来源于河南省洛阳市，通过嫁接方式保存于中国林科院经济林研究所原阳国家杜仲种质资源库。

　　树势弱，树姿开张，成枝力弱，萌芽力弱，节间距2.30cm。叶片阔椭圆形，叶缘锯齿，叶尖尾尖，基部偏形，叶片长12.76cm，叶片宽7.47cm，叶面积61.73cm²，叶柄长1.50cm。

　　雌花单生，形如花瓶，子房狭长，柱头2裂，1室，胚珠2枚，倒生。果实纺锤形，果长2.94cm，果宽0.99cm，果厚1.54mm，果实百粒重6.79g，种仁长1.19cm，种仁宽0.25cm，种仁厚1.13mm。果皮杜仲橡胶含量16.3%，种仁粗脂肪含量31.8%，粗脂肪中α-亚麻酸含量59.9%。

雌花形态

开花枝

树形

结果枝

果实形态

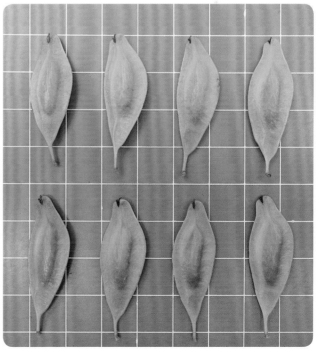

10510C

母树来源于河南省洛阳市，通过嫁接方式保存于中国林科院经济林研究所原阳国家杜仲种质资源库。

树势中庸，树姿半开张，成枝力强，萌芽力中等，节间距2.32cm。叶片椭圆形，叶缘锯齿，叶尖尾尖，基部楔形，叶片长14.86cm，叶片宽6.96cm，叶面积66.36cm²，叶柄长1.76cm。

雌花单生，形如花瓶，子房狭长，柱头2裂，1室，胚珠2枚，倒生。果实弯月形，果长3.18cm，果宽1.14cm，果厚2.09mm，果实百粒重8.95g，种仁长1.29cm，种仁宽0.32cm，种仁厚1.56mm。果皮杜仲橡胶含量16.6%，种仁粗脂肪含量31.3%，粗脂肪中α-亚麻酸含量59.8%。

雌花形态

开花枝

树形

结果枝

果实形态

10513C

母树来源于河南省洛阳市，通过嫁接方式保存于中国林科院经济林研究所原阳国家杜仲种质资源库。

树势中庸，树姿半开张，成枝力中等，萌芽力强，节间距2.31cm。叶片椭圆形，叶缘锯齿，叶尖尾尖，基部楔形，叶片长12.89cm，叶片宽6.68cm，叶面积55.46cm²，叶柄长1.19cm。

雌花单生，形如花瓶，子房狭长，柱头2裂，1室，胚珠2枚，倒生。果实纺锤形，果长3.07cm，果宽1.00cm，果厚1.93mm，果实百粒重8.54g，种仁长1.27cm，种仁宽0.27cm，种仁厚1.38mm。果皮杜仲橡胶含量20.6%，种仁粗脂肪含量32.0%，粗脂肪中α-亚麻酸含量63.8%。

雌花形态

开花枝

树形

结果枝

果实形态
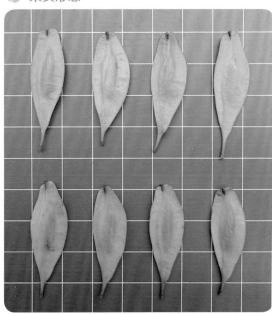

10523C

叶形

母树来源于河南省洛阳市，通过嫁接方式保存于中国林科院经济林研究所原阳国家杜仲种质资源库。

树势中庸，树姿开张，成枝力中等，萌芽力弱，节间距2.37cm。叶片阔椭圆形，叶缘锯齿，叶尖尾尖，基部圆形，叶片长13.15cm，叶片宽8.00cm，叶面积70.37cm²，叶柄长1.68cm。

雌花单生，形如花瓶，子房狭长，柱头2裂，1室，胚珠2枚，倒生。果实纺锤形，果长3.02cm，果宽1.12cm，果厚1.91mm，果实百粒重9.33g，种仁长1.32cm，种仁宽0.29cm，种仁厚1.31mm。果皮杜仲橡胶含量18.5%，种仁粗脂肪含量25.7%，粗脂肪中α-亚麻酸含量61.0%。

雌花形态

开花枝

树形

结果枝

果实形态

10526C

叶形

母树来源于河南省洛阳市，通过嫁接方式保存于中国林科院经济林研究所原阳国家杜仲种质资源库。

树势弱，树姿半开张，成枝力强，萌芽力弱，节间距1.76cm。叶片椭圆形，叶缘锯齿，叶尖尾尖，基部圆形，叶片长10.06cm，叶片宽4.71cm，叶面积28.60cm²，叶柄长2.13cm。

雌花单生，形如花瓶，子房狭长，柱头2裂，1室，胚珠2枚，倒生，花期比普通杜仲晚5～7天。果实椭圆形，果长3.26cm，果宽1.07cm，果厚2.05mm，果实百粒重7.54g，种仁长1.43cm，种仁宽0.28cm，种仁厚1.33mm。果皮杜仲橡胶含量19.3%，种仁粗脂肪含量29.2%，粗脂肪中α-亚麻酸含量59.4%。

雌花形态

开花枝

树形

结果枝组

果实形态

10527C

叶形

母树来源于河南省洛阳市，通过嫁接方式保存于中国林科院经济林研究所原阳国家杜仲种质资源库。

树势中庸，树姿开张，成枝力中等，萌芽力中等，节间距2.09cm。叶片倒卵形，叶缘锯齿，叶尖渐尖，基部圆形，叶片长9.84cm，叶片宽5.02cm，叶面积32.35cm²，叶柄长1.82cm。

雌花单生，形如花瓶，子房狭长，柱头2裂，1室，胚珠2枚，倒生，花期比普通杜仲晚5～7天。果实椭圆形，果长3.14cm，果宽1.08cm，果厚1.94mm，果实百粒重7.83g，种仁长1.46cm，种仁宽0.28cm，种仁厚1.50mm。果皮杜仲橡胶含量16.1%，种仁粗脂肪含量30.7%，粗脂肪中α-亚麻酸含量60.2%。

雌花形态

开花枝

树形

结果枝组

果实形态

10533C

　　母树来源于河南省洛阳市，通过嫁接方式保存于中国林科院经济林研究所原阳国家杜仲种质资源库。

　　树势中庸，树姿开张，成枝力中等，萌芽力中等，节间距2.12cm。叶片长椭圆形，叶缘锯齿，叶尖尾尖，基部楔形，叶片长13.63cm，叶片宽4.87cm，叶面积41.50cm²，叶柄长2.75cm。

　　雌花单生，形如花瓶，子房狭长，柱头2裂，1室，胚珠2枚，倒生。果实长椭圆形，果长3.11cm，果宽1.01cm，果厚1.95mm，果实百粒重8.25g，种仁长1.44cm，种仁宽0.29cm，种仁厚1.39mm。果皮杜仲橡胶含量15.8%，种仁粗脂肪含量28.2%，粗脂肪中α-亚麻酸含量60.2%。

雌花形态

开花枝

树形

结果枝

果实形态

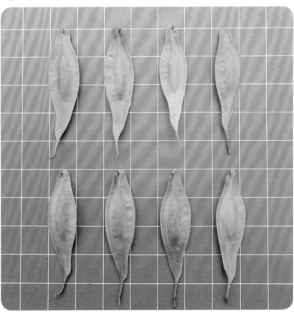

10534C

叶形

　　母树来源于河南省洛阳市，通过嫁接方式保存于中国林科院经济林研究所原阳国家杜仲种质资源库。

　　树势中庸，树姿开张，成枝力强，萌芽力中等，节间距2.00cm。叶片椭圆形，叶缘锯齿，叶尖尾尖，基部偏形，叶片长13.17cm，叶片宽5.85cm，叶面积50.00cm^2，叶柄长1.75cm。

　　雌花单生，形如花瓶，子房狭长，柱头2裂，1室，胚珠2枚，倒生。果实弯月形，果长3.08cm，果宽1.01cm，果厚1.59mm，果实百粒重7.77g，种仁长1.29cm，种仁宽0.30cm，种仁厚1.24mm。果皮杜仲橡胶含量15.4%，种仁粗脂肪含量33.7%，粗脂肪中α-亚麻酸含量60.8%。

雌花形态

开花枝

树形

结果枝

果实形态

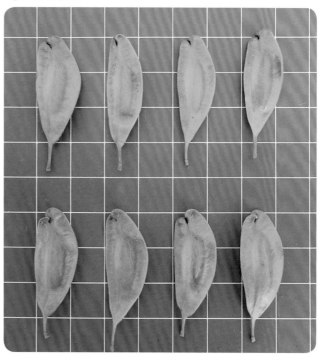

10545C

母树来源于河南省洛阳市，通过嫁接方式保存于中国林科院经济林研究所原阳国家杜仲种质资源库。

树势中庸，树姿开张，成枝力中等，萌芽力弱，节间距1.93cm。叶片椭圆形，叶缘锯齿，叶尖尾尖，基部偏形，叶片长16.50cm，叶片宽6.81cm，叶面积68.85cm^2，叶柄长2.33cm。

雌花单生，形如花瓶，子房狭长，柱头2裂，1室，胚珠2枚，倒生。果实长椭圆形，果长3.26cm，果宽1.03cm，果厚1.96mm，果实百粒重7.21g，种仁长1.37cm，种仁宽0.28cm，种仁厚1.49mm。果皮杜仲橡胶含量16.7%，种仁粗脂肪含量30.2%，粗脂肪中α-亚麻酸含量54.7%。

叶形

雌花形态

开花枝

树形

结果枝

果实形态

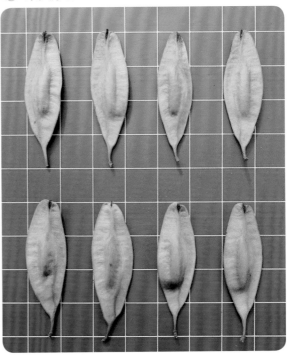

10549C

叶形

　　母树来源于河南省洛阳市，通过嫁接方式保存于中国林科院经济林研究所原阳国家杜仲种质资源库。

　　树势弱，树姿直立，成枝力中等，萌芽力弱，节间距2.33cm。叶片倒卵形，叶缘锯齿，叶尖渐尖，基部楔形，叶片长14.29cm，叶片宽7.44cm，叶面积69.61cm²，叶柄长1.89cm。

　　雌花单生，形如花瓶，子房狭长，柱头2裂，1室，胚珠2枚，倒生。果实长椭圆形，果长2.89cm，果宽0.87cm，果厚1.76mm，果实百粒重7.12g，种仁长1.26cm，种仁宽0.25cm，种仁厚1.39mm。果皮杜仲橡胶含量17.3%，种仁粗脂肪含量31.2%，粗脂肪中α-亚麻酸含量53.7%。

雌花形态

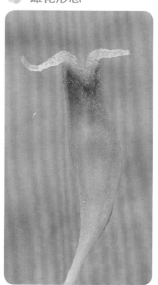

开花枝

树形

结果枝

果实形态

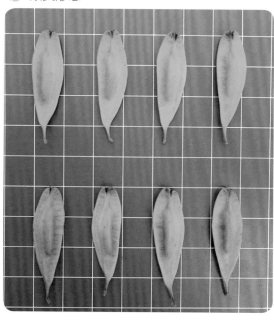

10551C

母树来源于河南省洛阳市，通过嫁接方式保存于中国林科院经济林研究所原阳国家杜仲种质资源库。

树势中庸，树姿直立，成枝力中等，萌芽力强，节间距1.92cm。叶片椭圆形，叶缘锯齿，叶尖尾尖，基部偏形，叶片长12.97cm，叶片宽5.57cm，叶面积44.25cm²，叶柄长1.60cm。

雌花单生，形如花瓶，子房狭长，柱头2裂，1室，胚珠2枚，倒生。果实椭圆形，果长2.80cm，果宽0.93cm，果厚1.65mm，果实百粒重5.67g，种仁长1.15cm，种仁宽0.25cm，种仁厚1.28mm。果皮杜仲橡胶含量15.0%，种仁粗脂肪含量31.5%，粗脂肪中α-亚麻酸含量63.0%。

叶形

雌花形态

开花枝

树形

结果枝

果实形态

10555C

母树来源于河南省洛阳市，通过嫁接方式保存于中国林科院经济林研究所原阳国家杜仲种质资源库。

树势中庸，树姿半开张，成枝力弱，萌芽力弱，节间距2.16cm。叶片椭圆形，叶缘锯齿，叶尖尾尖，基部楔形，叶片长13.03cm，叶片宽6.21cm，叶面积50.79cm²，叶柄长1.65cm。

雌花单生，形如花瓶，子房狭长，柱头2裂，1室，胚珠2枚，倒生。果实椭圆形，果长2.75cm，果宽0.98cm，果厚1.79mm，果实百粒重6.36g，种仁长1.28cm，种仁宽0.28cm，种仁厚1.37mm。果皮杜仲橡胶含量14.6%，种仁粗脂肪含量32.9%，粗脂肪中α-亚麻酸含量63.4%。

 叶形

 雌花形态

 开花枝

 树形

 结果枝

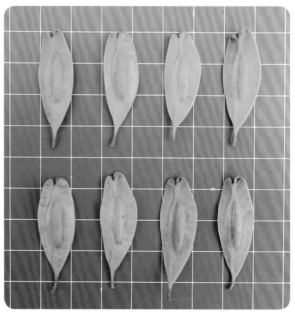 果实形态

10564C

叶形

　　母树来源于河南省洛阳市，通过嫁接方式保存于中国林科院经济林研究所原阳国家杜仲种质资源库。

　　树势中庸，树姿半开张，成枝力强，萌芽力中等，节间距1.68cm。叶片椭圆形，叶缘锯齿，叶尖渐尖，基部心形，叶片长12.06cm，叶片宽6.43cm，叶面积50.92cm^2，叶柄长2.06cm。

　　雌花单生，形如花瓶，子房狭长，柱头2裂，1室，胚珠2枚，倒生。果实椭圆形，果长2.81cm，果宽1.03cm，果厚1.74mm，果实百粒重8.10g，种仁长1.20cm，种仁宽0.22cm，种仁厚1.16mm。果皮杜仲橡胶含量15.0%，种仁粗脂肪含量26.0%，粗脂肪中α-亚麻酸含量55.8%。

雌花形态

开花枝

树形

结果枝

果实形态

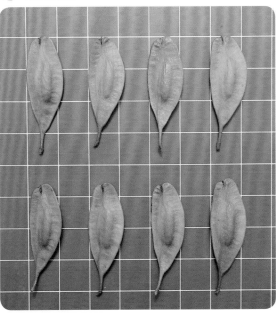

10566C

叶形

母树来源于河南省洛阳市，通过嫁接方式保存于中国林科院经济林研究所原阳国家杜仲种质资源库。

树势中庸，树姿半开张，成枝力弱，萌芽力中等，节间距2.21cm。叶片椭圆形，叶缘锯齿，叶尖尾尖，基部楔形，叶片长11.43cm，叶片宽5.97cm，叶面积44.56cm²，叶柄长1.80cm。

雌花单生，形如花瓶，子房狭长，柱头2裂，1室，胚珠2枚，倒生。果实椭圆形，果长2.69cm，果宽0.94cm，果厚1.94mm，果实百粒重6.58g，种仁长1.12cm，种仁宽0.23cm，种仁厚1.40mm。果皮杜仲橡胶含量15.7%，种仁粗脂肪含量31.1%，粗脂肪中α-亚麻酸含量60.1%。

雌花形态

开花枝

树形

结果枝

果实形态

10567C

    母树来源于河南省洛阳市，通过嫁接方式保存于中国林科院经济林研究所原阳国家杜仲种质资源库。

    树势强，树姿开张，成枝力强，萌芽力强，节间距1.88cm。叶片椭圆形，叶缘锯齿，叶尖渐尖，基部心形，叶片长14.09cm，叶片宽6.45cm，叶面积61.16cm^2，叶柄长2.03cm。

    雌花单生，形如花瓶，子房狭长，柱头2裂，1室，胚珠2枚，倒生。果实弯月形，果长3.07cm，果宽1.00cm，果厚1.80mm，果实百粒重6.85g，种仁长1.23cm，种仁宽0.28cm，种仁厚1.25mm。果皮杜仲橡胶含量15.2%，种仁粗脂肪含量30.9%，粗脂肪中α-亚麻酸含量62.3%。

叶形

雌花形态

开花枝

树形

结果枝

果实形态

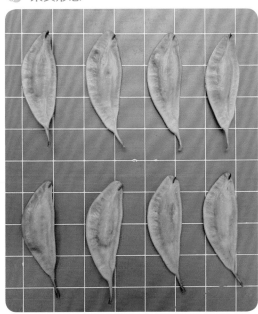

10575C

　　母树来源于河南省洛阳市，通过嫁接方式保存于中国林科院经济林研究所原阳国家杜仲种质资源库。

　　树势弱，树姿开张，成枝力弱，萌芽力中等，节间距2.19cm。叶片椭圆形，叶缘牙齿，叶尖尾尖，基部心形，叶片长9.67cm，叶片宽4.50cm，叶面积26.70cm²，叶柄长1.11cm。

　　雌花单生，形如花瓶，子房狭长，柱头2裂，1室，胚珠2枚，倒生。果实椭圆形，果长3.10cm，果宽1.07cm，果厚1.90mm，果实百粒重8.12g，种仁长1.30cm，种仁宽0.30cm，种仁厚1.37mm。果皮杜仲橡胶含量16.3%，种仁粗脂肪含量27.6%，粗脂肪中α-亚麻酸含量62.7%。

雌花形态

开花枝

树形

结果枝组

果实形态

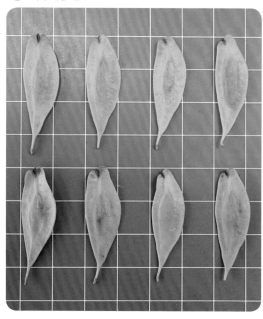

10577C

　　母树来源于河南省洛阳市，通过嫁接方式保存于中国林科院经济林研究所原阳国家杜仲种质资源库。

　　树势中庸，树姿开张，成枝力强，萌芽力强，节间距2.08cm。叶片椭圆形，叶缘锯齿，叶尖尾尖，基部偏形，叶片长14.19cm，叶片宽7.97cm，叶面积76.28cm²，叶柄长2.05cm。

　　雌花单生，形如花瓶，子房狭长，柱头2裂，1室，胚珠2枚，倒生。果实椭圆形，果长3.01cm，果宽1.13cm，果厚2.04mm，果实百粒重8.01g，种仁长1.31cm，种仁宽0.31cm，种仁厚1.60mm。果皮杜仲橡胶含量17.5%，种仁粗脂肪含量28.5%，粗脂肪中α-亚麻酸含量62.8%。

雌花形态

开花枝

树形

结果枝组

果实形态

10579C

　　母树来源于河南省洛阳市，通过嫁接方式保存于中国林科院经济林研究所原阳国家杜仲种质资源库。

　　树势中庸，树姿半开张，成枝力中等，萌芽力中等，节间距2.70cm。叶片椭圆形，叶缘锯齿，叶尖尾尖，基部偏形，叶片长10.88cm，叶片宽5.27cm，叶面积37.35cm²，叶柄长1.56cm。

　　雌花单生，形如花瓶，子房狭长，柱头2裂，1室，胚珠2枚，倒生。果实椭圆形，果长2.95cm，果宽1.01cm，果厚1.84mm，果实百粒重7.27g，种仁长1.24cm，种仁宽0.29cm，种仁厚1.42mm。果皮杜仲橡胶含量19.3%，种仁粗脂肪含量34.0%，粗脂肪中α-亚麻酸含量60.9%。

🌱 叶形

🌱 雌花形态

🌱 开花枝

🌱 树形

🌱 结果枝组

🌱 果实形态

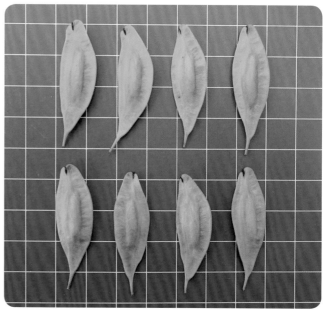

10600C

母树来源于河南省洛阳市，通过嫁接方式保存于中国林科院经济林研究所原阳国家杜仲种质资源库。

树势中庸，树姿半开张，成枝力中等，萌芽力强，节间距2.16cm。叶片椭圆形，叶缘锯齿，叶尖尾尖，基部楔形，叶片长11.76cm，叶片宽5.86cm，叶面积42.98cm^2，叶柄长1.53cm。

雌花单生，形如花瓶，子房狭长，柱头2裂，1室，胚珠2枚，倒生。果实弯月形，果长3.03cm，果宽1.13cm，果厚1.93mm，果实百粒重8.93g，种仁长1.28cm，种仁宽0.30cm，种仁厚1.47mm。果皮杜仲橡胶含量18.0%，种仁粗脂肪含量30.9%，粗脂肪中α-亚麻酸含量60.9%。

 叶形

 雌花形态

 开花枝

 树形

 结果枝组

 果实形态

11003C

叶形

　　母树来源于新疆维吾尔自治区阿克苏市，通过嫁接方式保存于中国林科院经济林研究所原阳国家杜仲种质资源库。

　　树势中庸，树姿半开张，成枝力中等，萌芽力中等，节间距2.27cm。叶片阔椭圆形，叶缘锯齿，叶尖尾尖，基部圆形，叶片长12.22cm，叶片宽6.37cm，叶面积49.44cm²，叶柄长1.04cm。

　　雌花单生，形如花瓶，子房狭长，柱头2裂，1室，胚珠2枚，倒生。果实椭圆形，果长3.10cm，果宽1.07cm，果厚1.90mm，果实百粒重8.12g，种仁长1.30cm，种仁宽0.29cm，种仁厚1.37mm。果皮杜仲橡胶含量16.3%，种仁粗脂肪含量27.6%，粗脂肪中α-亚麻酸含量60.3%。

雌花形态

开花枝

树形

结果枝

果实形态

11006C

母树来源于新疆维吾尔自治区乌鲁木齐市，通过嫁接方式保存于中国林科院经济林研究所原阳国家杜仲种质资源库。

树势中庸，树姿开张，成枝力弱，萌芽力弱，节间距2.44cm。叶片椭圆形，叶缘锯齿，叶尖渐尖，基部偏形，叶片长11.03cm，叶片宽5.74cm，叶面积41.41cm²，叶柄长1.50cm。

雌花单生，形如花瓶，子房狭长，柱头2裂，1室，胚珠2枚，倒生。果实椭圆形，果长3.02cm，果宽0.97cm，果厚1.85mm，果实百粒重6.15g，种仁长1.25cm，种仁宽0.25cm，种仁厚1.42mm。果皮杜仲橡胶含量16.8%，种仁粗脂肪含量33.3%，粗脂肪中α-亚麻酸含量58.7%。

 叶形

 雌花形态

 开花枝

 树形

 结果枝组

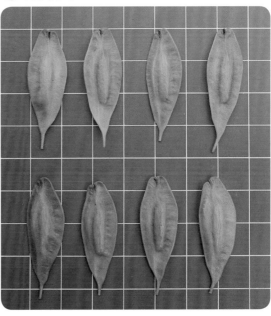 果实形态

11011C

叶形

　　母树来源于新疆维吾尔自治区乌鲁木齐市，通过嫁接方式保存于中国林科院经济林研究所原阳国家杜仲种质资源库。

　　树势强，树姿直立，成枝力弱，萌芽力弱，节间距2.26cm。叶片卵形，叶缘锯齿，叶尖渐尖，基部心形，叶片长14.89cm，叶片宽6.86cm，叶面积65.78cm^2，叶柄长1.59cm。

　　雌花单生，形如花瓶，子房狭长，柱头2裂，1室，胚珠2枚，倒生。果实纺锤形，果长3.00cm，果宽1.07cm，果厚1.91mm，果实百粒重8.12g，种仁长1.29cm，种仁宽0.28cm，种仁厚1.36mm。果皮杜仲橡胶含量14.8%，种仁粗脂肪含量27.8%，粗脂肪中α-亚麻酸含量63.0%。

雌花形态

开花枝

树形

结果枝

果实形态

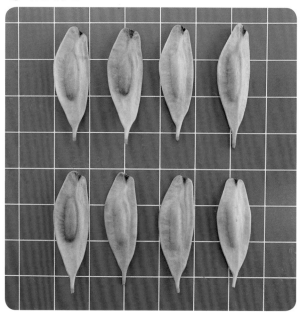

11016C

　　母树来源于云南省盐津县，通过嫁接方式保存于中国林科院经济林研究所原阳国家杜仲种质资源库。

　　树势中庸，树姿半开张，成枝力弱，萌芽力弱，节间距2.12cm。叶片椭圆形，叶缘钝齿，叶尖尾尖，基部楔形，叶片长10.97cm，叶片宽5.02cm，叶面积35.53cm²，叶柄长1.22cm。

　　雌花单生，形如花瓶，子房狭长，柱头2裂，1室，胚珠2枚，倒生。果实弯月形，果长3.37cm，果宽1.08cm，果厚2.32mm，果实百粒重8.17g，种仁长1.31cm，种仁宽0.29cm，种仁厚1.58mm。果皮杜仲橡胶含量17.1%，种仁粗脂肪含量26.2%，粗脂肪中α-亚麻酸含量59.1%。

叶形

雌花形态

开花枝

树形

结果枝

果实形态

11029C

母树来源于四川省广元市，通过嫁接方式保存于中国林科院经济林研究所原阳国家杜仲种质资源库。

树势强，树姿直立，成枝力中等，萌芽力中等，节间距2.26cm。叶片椭圆形，叶缘锯齿，叶尖尾尖，基部楔形，叶片长13.53cm，叶片宽6.27cm，叶面积53.39cm²，叶柄长1.67cm。

雌花单生，形如花瓶，子房狭长，柱头2裂，1室，胚珠2枚，倒生。果实偏椭圆形，果长3.39cm，果宽1.18cm，果厚2.02mm，果实百粒重9.35g，种仁长1.41cm，种仁宽0.31cm，种仁厚1.39mm。果皮杜仲橡胶含量19.3%，种仁粗脂肪含量28.6%，粗脂肪中α-亚麻酸含量59.8%。

雌花形态

开花枝

树形

结果枝

果实形态

11044C

母树来源于吉林省集安市，通过嫁接方式保存于中国林科院经济林研究所原阳国家杜仲种质资源库。

树势强，树姿直立，成枝力强，萌芽力中等，节间距2.10cm。叶片倒卵形，叶缘锯齿，叶尖渐尖，基部楔形，叶片长13.51cm，叶片宽5.60cm，叶面积46.19cm²，叶柄长1.96cm。

雌花单生，形如花瓶，子房狭长，柱头2裂，1室，胚珠2枚，倒生。果实椭圆形，果长2.95cm，果宽0.92cm，果厚2.01mm，果实百粒重7.31g，种仁长1.22cm，种仁宽0.28cm，种仁厚1.48mm。果皮杜仲橡胶含量15.9%，种仁粗脂肪含量26.9%，粗脂肪中α-亚麻酸含量58.3%。

雌花形态

开花枝

树形

结果枝

果实形态

11049C

叶形

　　母树来源于山西省运城市，通过嫁接方式保存于中国林科院经济林研究所原阳国家杜仲种质资源库。

　　树势强，树姿开张，成枝力中等，萌芽力中等，节间距2.65cm。叶片阔椭圆形，叶缘锯齿，叶尖尾尖，基部偏形，叶片长15.25cm，叶片宽7.85cm，叶面积75.18cm²，叶柄长1.51cm。

　　雌花单生，形如花瓶，子房狭长，柱头2裂，1室，胚珠2枚，倒生。果实椭圆形，果长3.60cm，果宽1.16cm，果厚2.10mm，果实百粒重8.92g，种仁长1.57cm，种仁宽0.29cm，种仁厚1.45mm。果皮杜仲橡胶含量18.0%，种仁粗脂肪含量28.4%，粗脂肪中α-亚麻酸含量62.0%。

雌花形态

开花枝

树形

结果枝

果实形态

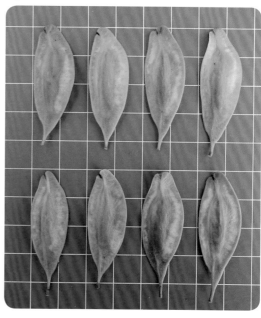

11054C

叶形

母树来源于山西省运城市，通过嫁接方式保存于中国林科院经济林研究所原阳国家杜仲种质资源库。

树势中庸，树姿半开张，成枝力弱，萌芽力中等，节间距2.06cm。叶片长椭圆形，叶缘钝齿，叶尖尾尖，基部圆形，叶片长16.49cm，叶片宽6.11cm，叶面积61.36cm²，叶柄长2.54cm。

雌花单生，形如花瓶，子房狭长，柱头2裂，1室，胚珠2枚，倒生。果实梭形，果长3.07cm，果宽0.95cm，果厚1.81mm，果实百粒重6.61g，种仁长1.28cm，种仁宽0.27cm，种仁厚1.35mm。果皮杜仲橡胶含量16.6%，种仁粗脂肪含量29.7%，粗脂肪中α-亚麻酸含量58.9%。

雌花形态

开花枝

树形

结果枝

果实形态

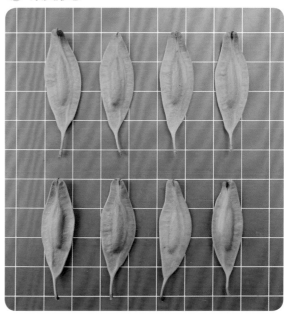

11055C

叶形

　　母树来源于山西省运城市，通过嫁接方式保存于中国林科院经济林研究所原阳国家杜仲种质资源库。

　　树势中庸，树姿开张，成枝力弱，萌芽力中等，节间距2.23cm。叶片椭圆形，叶缘钝齿，叶尖锐尖，基部偏形，叶片长17.06cm，叶片宽8.48cm，叶面积93.34cm²，叶柄长1.98cm。

　　雌花单生，形如花瓶，子房狭长，柱头2裂，1室，胚珠2枚，倒生。果实椭圆形，果长3.10cm，果宽1.07cm，果厚1.88mm，果实百粒重8.12g，种仁长1.30cm，种仁宽0.30cm，种仁厚1.35mm。果皮杜仲橡胶含量15.1%，种仁粗脂肪含量29.4%，粗脂肪中α-亚麻酸含量59.6%。

雌花形态

开花枝

树形

结果枝组

果实形态

11065C

母树来源于福建省南平市建阳区，通过嫁接方式保存于中国林科院经济林研究所原阳国家杜仲种质资源库。

树势中庸，树姿半开张，成枝力中等，萌芽力强，节间距2.53cm。叶片椭圆形，叶缘锯齿，叶尖尾尖，基部偏形，叶片长14.13cm，叶片宽6.14cm，叶面积53.81cm²，叶柄长1.30cm。

雌花单生，形如花瓶，子房狭长，柱头2裂，1室，胚珠2枚，倒生。果实弯月形，果长3.10cm，果宽1.07cm，果厚1.90mm，果实百粒重8.12g，种仁长1.32cm，种仁宽0.28cm，种仁厚1.34mm。果皮杜仲橡胶含量17.2%，种仁粗脂肪含量32.5%，粗脂肪中α-亚麻酸含量62.3%。

雌花形态

开花枝

树形

结果枝

果实形态

11074C

叶形

　　母树来源于河南省南阳市，通过嫁接方式保存于中国林科院经济林研究所原阳国家杜仲种质资源库。

　　树势中庸，树姿半开张，成枝力中等，萌芽力弱，节间距2.80cm。叶片倒卵形，叶缘钝齿，叶尖尾尖，基部楔形，叶片长12.85cm，叶片宽6.34cm，叶面积53.60cm²，叶柄长1.97cm。

　　雌花单生，形如花瓶，子房狭长，柱头2裂，1室，胚珠2枚，倒生。果实弯月形，果长2.81cm，果宽1.01cm，果厚1.90mm，果实百粒重7.51g，种仁长1.14cm，种仁宽0.29cm，种仁厚1.32mm。果皮杜仲橡胶含量16.4%，种仁粗脂肪含量27.6%，粗脂肪中α-亚麻酸含量57.9%。

雌花形态

开花枝

树形

结果枝

果实形态

11075C

叶形

母树来源于河南省南阳市，通过嫁接方式保存于中国林科院经济林研究所原阳国家杜仲种质资源库。

树势中庸，树姿半开张，成枝力强，萌芽力中等，节间距1.98cm。叶片倒卵形，叶缘锯齿，叶尖尾尖，基部偏形，叶片长11.90cm，叶片宽6.68cm，叶面积51.47cm²，叶柄长2.08cm。

雌花单生，形如花瓶，子房狭长，柱头2裂，1室，胚珠2枚，倒生。果实弯月形，果长2.94cm，果宽0.98cm，果厚1.93mm，果实百粒重7.68g，种仁长1.26cm，种仁宽0.28cm，种仁厚1.46mm。果皮杜仲橡胶含量16.3%，种仁粗脂肪含量30.1%，粗脂肪中α-亚麻酸含量62.0%。

雌花形态

开花枝

树形

结果枝

果实形态

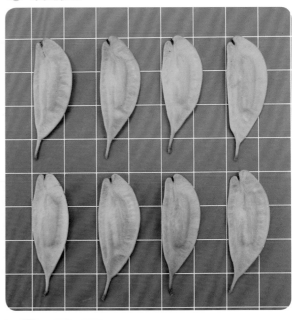

11076C

　　母树来源于河南省南阳市，通过嫁接方式保存于中国林科院经济林研究所原阳国家杜仲种质资源库。

　　树势中庸，树姿半开张，成枝力中等，萌芽力强，节间距2.86cm。叶片椭圆形，叶缘锯齿，叶尖尾尖，基部楔形，叶片长14.14cm，叶片宽6.44cm，叶面积56.71cm²，叶柄长1.90cm。

　　雌花单生，形如花瓶，子房狭长，柱头2裂，1室，胚珠2枚，倒生。果实椭圆形，果长3.10cm，果宽1.07cm，果厚1.90mm，果实百粒重8.12g，种仁长1.30cm，种仁宽0.30cm，种仁厚1.35mm。果皮杜仲橡胶含量18.0%，种仁粗脂肪含量30.2%，粗脂肪中α-亚麻酸含量61.9%。

雌花形态

开花枝

树形

结果枝

果实形态

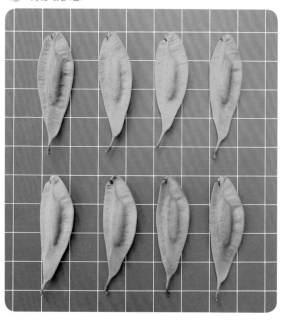

11081C

叶形

母树来源于陕西省略阳县，通过嫁接方式保存于中国林科院经济林研究所原阳国家杜仲种质资源库。

树势强，树姿半开张，成枝力中等，萌芽力强，节间距1.99cm。叶片椭圆形，叶缘锯齿，叶尖尾尖，基部偏形，叶片长14.97cm，叶片宽6.97cm，叶面积64.84cm²，叶柄长1.60cm。

雌花单生，形如花瓶，子房狭长，柱头2裂，1室，胚珠2枚，倒生。果实椭圆形，果长3.63cm，果宽0.97cm，果厚1.53mm，果实百粒重7.81g，种仁长1.40cm，种仁宽0.28cm，种仁厚1.42mm。果皮杜仲橡胶含量17.2%，种仁粗脂肪含量32.3%，粗脂肪中α-亚麻酸含量62.5%。

雌花形态

开花枝

树形

结果枝

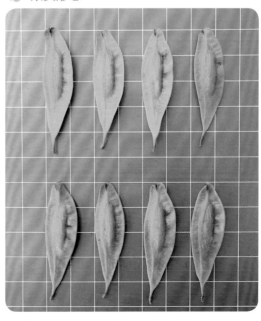
果实形态

11083C

叶形

　　母树来源于陕西省略阳县，通过嫁接方式保存于中国林科院经济林研究所原阳国家杜仲种质资源库。

　　树势中庸，树姿开张，成枝力弱，萌芽力强，节间距2.34cm。叶片椭圆形，叶缘牙齿，叶尖尾尖，基部楔形，叶片长14.20cm，叶片宽6.43cm，叶面积56.29cm^2，叶柄长1.47cm。

　　雌花单生，形如花瓶，子房狭长，柱头2裂，1室，胚珠2枚，倒生。果实弯刀形，果长3.21cm，果宽0.96cm，果厚1.44mm，果实百粒重6.66g，种仁长1.29cm，种仁宽0.26cm，种仁厚1.30mm。果皮杜仲橡胶含量14.6%，种仁粗脂肪含量27.6%，粗脂肪中α-亚麻酸含量57.9%。

雌花形态

开花枝

树形

结果枝

果实形态

11088C

　　母树来源于河南省商丘市，通过嫁接方式保存于中国林科院经济林研究所原阳国家杜仲种质资源库。

　　树势中庸，树姿半开张，成枝力中等，萌芽力中等，节间距2.56cm。叶片倒卵形，叶缘锯齿，叶尖尾尖，基部偏形，叶片长11.77cm，叶片宽5.89cm，叶面积44.94cm²，叶柄长1.56cm。

　　雌花单生，形如花瓶，子房狭长，柱头2裂，1室，胚珠2枚，倒生。果实椭圆形，果长3.10cm，果宽1.07cm，果厚1.90mm，果实百粒重8.12g，种仁长1.29cm，种仁宽0.28cm，种仁厚1.33mm。果皮杜仲橡胶含量15.2%，种仁粗脂肪含量28.3%，粗脂肪中α-亚麻酸含量58.1%。

🌿 叶形

🌿 雌花形态

🌿 开花枝

🌿 树形

🌿 结果枝

🌿 果实形态

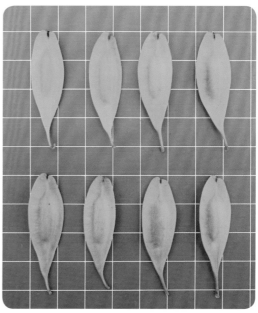

11094C

母树来源于重庆市沙坪坝区，通过嫁接方式保存于中国林科院经济林研究所原阳国家杜仲种质资源库。

树势中庸，树姿半开张，成枝力中等，萌芽力中等，节间距2.40cm。叶片椭圆形，叶缘锯齿，叶尖尾尖，基部圆形，叶片长13.31cm，叶片宽6.45cm，叶面积56.76cm^2，叶柄长1.58cm。

雌花单生，形如花瓶，子房狭长，柱头2裂，1室，胚珠2枚，倒生。果实椭圆形，果长3.21cm，果宽1.13cm，果厚1.88mm，果实百粒重8.23g，种仁长1.34cm，种仁宽0.30cm，种仁厚1.40mm。果皮杜仲橡胶含量16.4%，种仁粗脂肪含量31.2%，粗脂肪中α-亚麻酸含量61.5%。

雌花形态

开花枝

树形

结果枝

果实形态

11097C

母树来源于重庆市沙坪坝区，通过嫁接方式保存于中国林科院经济林研究所原阳国家杜仲种质资源库。

树势中庸，树姿半开张，成枝力中等，萌芽力中等，节间距2.14cm。叶片椭圆形，叶缘锯齿，叶尖尾尖，基部楔形，叶片长15.24cm，叶片宽7.46cm，叶面积73.31cm²，叶柄长1.54cm。

雌花单生，形如花瓶，子房狭长，柱头2裂，1室，胚珠2枚，倒生。果实弯月形，果长3.03cm，果宽1.04cm，果厚1.86mm，果实百粒重8.00g，种仁长1.28cm，种仁宽0.28cm，种仁厚1.38mm。果皮杜仲橡胶含量15.0%，种仁粗脂肪含量28.0%，粗脂肪中α-亚麻酸含量54.8%。

🌿 叶形

🌿 雌花形态

🌿 开花枝

🌿 树形

🌿 结果枝

🌿 果实形态

11101C

母树来源于河南省郑州市，通过嫁接方式保存于中国林科院经济林研究所原阳国家杜仲种质资源库。

树势强，树姿开张，成枝力弱，萌芽力弱，节间距2.51cm。叶片椭圆形，叶缘锯齿，叶尖尾尖，基部偏形，叶片长14.61cm，叶片宽6.62cm，叶面积58.88cm^2，叶柄长1.52cm。

雌花单生，形如花瓶，子房狭长，柱头2裂，1室，胚珠2枚，倒生。果实椭圆形，果长3.37cm，果宽1.19cm，果厚2.22mm，果实百粒重9.32g，种仁长1.32cm，种仁宽0.27cm，种仁厚1.40mm。果皮杜仲橡胶含量16.3%，种仁粗脂肪含量24.0%，粗脂肪中α-亚麻酸含量63.5%。

雌花形态

开花枝

树形

结果枝

果实形态

11108C

母树来源于吉林省集安市，通过嫁接方式保存于中国林科院经济林研究所原阳国家杜仲种质资源库。

树势中庸，树姿半开张，成枝力中等，萌芽力中等，节间距 2.60cm。叶片椭圆形，叶缘钝齿，叶尖尾尖，基部偏形，叶片长 14.81cm，叶片宽 7.75cm，叶面积 74.91cm^2，叶柄长 1.38cm。

雌花单生，形如花瓶，子房狭长，柱头 2 裂，1 室，胚珠 2 枚，倒生。果实弯月形，果长 3.11cm，果宽 1.08cm，果厚 1.91mm，果实百粒重 8.12g，种仁长 1.32cm，种仁宽 0.28cm，种仁厚 1.38mm。果皮杜仲橡胶含量 15.8%，种仁粗脂肪含量 30.2%，粗脂肪中 α- 亚麻酸含量 59.6%。

叶形

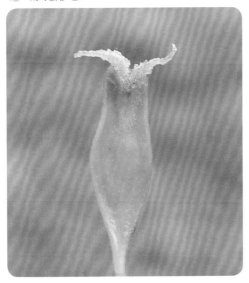

雌花形态

开花枝

树形

结果枝

果实形态

12006C

　　母树来源于湖北省襄阳市，通过嫁接方式保存于中国林科院经济林研究所原阳国家杜仲种质资源库。

　　树势强，树姿直立，成枝力强，萌芽力弱，节间距2.72cm。叶片椭圆形，叶缘钝齿，叶尖尾尖，基部偏形，叶片长13.66cm，叶片宽6.25cm，叶面积56.39cm²，叶柄长2.01cm。

　　雌花单生，形如花瓶，子房狭长，柱头2裂，1室，胚珠2枚，倒生。果实椭圆形，果长2.97cm，果宽1.04cm，果厚2.01mm，果实百粒重7.35g，种仁长1.20cm，种仁宽0.29cm，种仁厚1.47mm。果皮杜仲橡胶含量18.8%，种仁粗脂肪含量30.1%，粗脂肪中α-亚麻酸含量59.2%。

雌花形态

开花枝

树形

结果枝

果实形态

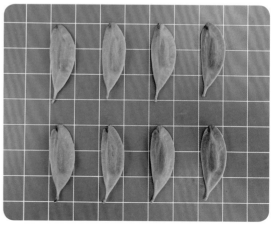

12010C

母树来源于辽宁省沈阳市，通过嫁接方式保存于中国林科院经济林研究所原阳国家杜仲种质资源库。

树势强，树姿直立，成枝力强，萌芽力强，节间距2.26cm。叶片倒卵形，叶缘锯齿，叶尖渐尖，基部楔形，叶片长14.89cm，叶片宽6.86cm，叶面积65.78cm²，叶柄长1.38cm。

雌花单生，形如花瓶，子房狭长，柱头2裂，1室，胚珠2枚，倒生。果实椭圆形，果长3.37cm，果宽1.15cm，果厚2.06mm，果实百粒重9.20g，种仁长1.34cm，种仁宽0.31cm，种仁厚1.55mm。果皮杜仲橡胶含量15.7%，种仁粗脂肪含量28.9%，粗脂肪中α-亚麻酸含量58.1%。

🌱 叶形

🌱 雌花形态

🌱 开花枝

🌱 树形

🌱 结果枝

🌱 果实形态

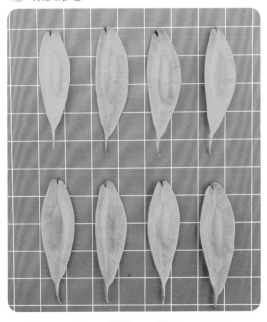

13017C

母树来源于湖南省株洲市，通过嫁接方式保存于中国林科院经济林研究所原阳国家杜仲种质资源库。

树势中庸，树姿半开张，成枝力中等，萌芽力中等，节间距2.20cm。叶片椭圆形，叶缘锯齿，叶尖尾尖，基部圆形，叶片长14.80cm，叶片宽6.62cm，叶面积60.12cm^2，叶柄长1.39cm。

雌花单生，形如花瓶，子房狭长，柱头2裂，1室，胚珠2枚，倒生。果实椭圆形，果长2.91cm，果宽1.08cm，果厚2.01mm，果实百粒重7.80g，种仁长1.14cm，种仁宽0.26cm，种仁厚1.96mm。果皮杜仲橡胶含量15.8%，种仁粗脂肪含量29.4%，粗脂肪中α-亚麻酸含量60.1%。

雌花形态

开花枝

树形

结果枝组

果实形态

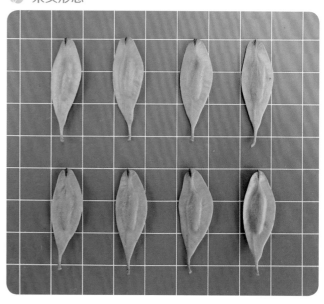

13029C

母树来源于陕西省安康市，通过嫁接方式保存于中国林科院经济林研究所原阳国家杜仲种质资源库。

树势强，树姿半开张，成枝力强，萌芽力中等，节间距2.18cm。叶片椭圆形，叶缘锯齿，叶尖尾尖，基部偏形，叶片长13.92cm，叶片宽7.40cm，叶面积60.25cm²，叶柄长1.88cm。

雌花单生，形如花瓶，子房狭长，柱头2裂，1室，胚珠2枚，倒生。果实纺锤形，果长3.25cm，果宽1.14cm，果厚1.95mm，果实百粒重8.35g，种仁长1.17cm，种仁宽0.28cm，种仁厚1.80mm。果皮杜仲橡胶含量16.5%，种仁粗脂肪含量30.2%，粗脂肪中α-亚麻酸含量60.4%。

雌花形态

开花枝

树形

结果枝

果实形态

13076C

母树来源于甘肃省康县，通过嫁接方式保存于中国林科院经济林研究所原阳国家杜仲种质资源库。

树势中庸，树姿开张，成枝力中等，萌芽力中等，节间距2.07cm。叶片阔椭圆形，叶缘锯齿，叶尖尾尖，基部偏形，叶片长15.20cm，叶片宽9.21cm，叶面积60.04cm²，叶柄长2.00cm。

雌花单生，形如花瓶，子房狭长，柱头2裂，1室，胚珠2枚，倒生。果实梭形，果长3.01cm，果宽1.08cm，果厚1.79mm，果实百粒重8.03g，种仁长1.22cm，种仁宽0.28cm，种仁厚1.29mm。果皮杜仲橡胶含量16.0%，种仁粗脂肪含量31.4%，粗脂肪中α-亚麻酸含量62.5%。

 叶形

 雌花形态

 开花枝

 树形

 结果枝

 果实形态

13082C

　　母树来源于甘肃省康县，通过嫁接方式保存于中国林科院经济林研究所原阳国家杜仲种质资源库。

　　树势强，树姿半开张，成枝力强，萌芽力强，节间距2.09cm。叶片椭圆形，叶缘锯齿，叶尖尾尖，基部偏形，叶片长13.41cm，叶片宽6.92cm，叶面积56.73cm^2，叶柄长2.03cm。

　　雌花单生，形如花瓶，子房狭长，柱头2裂，1室，胚珠2枚，倒生。果实椭圆形，果长3.03cm，果宽1.17cm，果厚2.01mm，果实百粒重8.02g，种仁长1.11cm，种仁宽0.26cm，种仁厚1.95mm。果皮杜仲橡胶含量16.1%，种仁粗脂肪含量31.4%，粗脂肪中α-亚麻酸含量60.7%。

叶形

雌花形态

开花枝

树形

结果枝

果实形态

13091C

叶形

母树来源于广东省乐昌市，通过嫁接方式保存于中国林科院经济林研究所原阳国家杜仲种质资源库。

树势中庸，树姿半开张，成枝力中等，萌芽力中等，节间距1.88cm。叶片椭圆形，叶缘锯齿，叶尖尾尖，基部楔形，叶片长13.84cm，叶片宽6.52cm，叶面积58.47cm²，叶柄长1.25cm。

雌花单生，形如花瓶，子房狭长，柱头2裂，1室，胚珠2枚，倒生。果实长椭圆形，果长3.32cm，果宽1.01cm，果厚2.10mm，果实百粒重8.64g，种仁长1.29cm，种仁宽0.25cm，种仁厚1.98mm。果皮杜仲橡胶含量15.7%，种仁粗脂肪含量30.1%，粗脂肪中α-亚麻酸含量59.7%。

雌花形态

开花枝

树形

结果枝

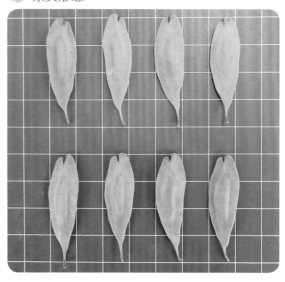
果实形态

13129C

　　母树来源于河南省延津县，通过嫁接方式保存于中国林科院经济林研究所原阳国家杜仲种质资源库。

　　树势中庸，树姿半开张，成枝力中等，萌芽力中等，节间距2.10cm。叶片阔卵形，叶缘锯齿，叶尖尾尖，基部圆形，叶片长14.20cm，叶片宽7.06cm，叶面积63.79cm²，叶柄长1.88cm。

　　雌花单生，形如花瓶，子房狭长，柱头2裂，1室，胚珠2枚，倒生。果实椭圆形，果长3.25cm，果宽1.09cm，果厚1.91mm，果实百粒重8.09g，种仁长1.15cm，种仁宽0.28cm，种仁厚1.25mm。果皮杜仲橡胶含量15.7%，种仁粗脂肪含量30.2%，粗脂肪中α-亚麻酸含量61.5%。

叶形

雌花形态

开花枝

树形

结果枝

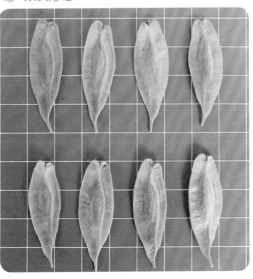
果实形态

16001C

母树来源于北京市门头沟区，通过嫁接方式保存于中国林科院经济林研究所原阳国家杜仲种质资源库。

树势中庸，树姿半开张，成枝力中等，萌芽力中等，节间距2.01cm。叶片椭圆形，叶缘锯齿，叶尖尾尖，基部偏形，叶片长15.78cm，叶片宽7.36cm，叶面积69.94cm²，叶柄长2.14cm。

雌花单生，形如花瓶，子房狭长，柱头2裂，1室，胚珠2枚，倒生。果实椭圆形，果长2.86cm，果宽1.04cm，果厚1.70mm，果实百粒重7.10g，种仁长1.00cm，种仁宽0.25cm，种仁厚1.25mm。果皮杜仲橡胶含量18.4%，种仁粗脂肪含量27.9%，粗脂肪中α-亚麻酸含量65.5%。

叶形

雌花形态

开花枝

树形

结果枝组

果实形态

17011C

叶形

　　母树来源于河北省保定市，通过嫁接方式保存于中国林科院经济林研究所原阳国家杜仲种质资源库。

　　树势强，树姿开张，成枝力强，萌芽力弱，节间距2.51cm。叶片椭圆形，叶缘锯齿，叶尖尾尖，基部偏形，叶片长10.01cm，叶片宽4.92cm，叶面积33.49cm²，叶柄长1.52cm。

　　雌花单生，形如花瓶，子房狭长，柱头2裂，1室，胚珠2枚，倒生。果实椭圆形，果长3.07cm，果宽1.19cm，果厚2.22mm，果实百粒重9.32g，种仁长1.22cm，种仁宽0.27cm，种仁厚1.40mm。果皮杜仲橡胶含量16.3%，种仁粗脂肪含量24.0%，粗脂肪中α-亚麻酸含量63.5%。

雌花形态

开花枝

树形

结果枝

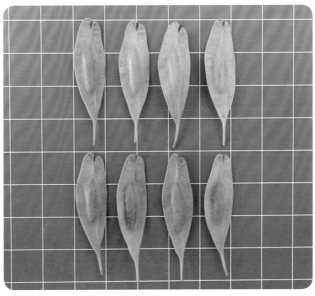
果实形态

17023C

叶形

母树来源于甘肃省兰州植物园，通过嫁接方式保存于中国林科院经济林研究所原阳国家杜仲种质资源库。

树势中庸，树姿半开张，成枝力中等，萌芽力中等，节间距1.92cm。叶片椭圆形，叶缘锯齿，叶尖尾尖，基部圆形，叶片长14.20cm，叶片宽7.52cm，叶面积63.17cm²，叶柄长1.79cm。

雌花单生，形如花瓶，子房狭长，柱头2裂，1室，胚珠2枚，倒生。果实椭圆形，果长2.70cm，果宽1.02cm，果厚1.58mm，果实百粒重7.14g，种仁长1.03cm，种仁宽0.25cm，种仁厚1.13mm。果皮杜仲橡胶含量16.2%，种仁粗脂肪含量28.5%，粗脂肪中α-亚麻酸含量62.1%。

雌花形态

开花枝

树形

结果枝

果实形态

17038C

　　母树来源于北京市玉泉山，通过嫁接方式保存于中国林科院经济林研究所原阳国家杜仲种质资源库。

　　树势中庸，树姿半开张，成枝力中等，萌芽力中等，节间距2.03cm。叶片椭圆形，叶缘锯齿，叶尖尾尖，基部楔形，叶片长13.13cm，叶片宽6.20cm，叶面积50.72cm²，叶柄长2.10cm。

　　雌花单生，形如花瓶，子房狭长，柱头2裂，1室，胚珠2枚，倒生。果实椭圆形，果长2.53cm，果宽0.90cm，果厚1.46mm，果实百粒重6.74g，种仁长0.93cm，种仁宽0.20cm，种仁厚1.19mm。果皮杜仲橡胶含量16.2%，种仁粗脂肪含量29.5%，粗脂肪中α-亚麻酸含量64.1%。

🌿 叶形

🌿 雌花形态

🌿 开花枝

🌿 树形

🌿 结果枝组

🌿 果实形态

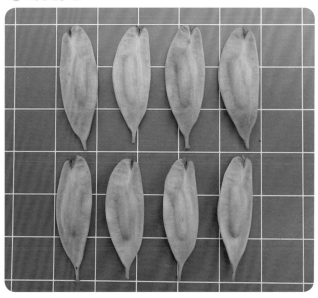

17042C

　　母树来源于河南省开封市，通过嫁接方式保存于中国林科院经济林研究所原阳国家杜仲种质资源库。

　　树势中庸，树姿直立，成枝力中等，萌芽力中等，节间距2.08cm。叶片卵状椭圆，叶缘锯齿，叶尖尾尖，基部偏形，叶片长15.25cm，叶片宽7.12cm，叶面积61.90cm²，叶柄长2.07cm。

　　雌花单生，形如花瓶，子房狭长，柱头2裂，1室，胚珠2枚，倒生。果实椭圆形，果长2.79cm，果宽1.02cm，果厚1.96mm，果实百粒重7.15g，种仁长1.03cm，种仁宽0.20cm，种仁厚1.24mm。果皮杜仲橡胶含量16.7%，种仁粗脂肪含量29.0%，粗脂肪中α-亚麻酸含量66.9%。

雌花形态

开花枝

树形

结果枝

果实形态

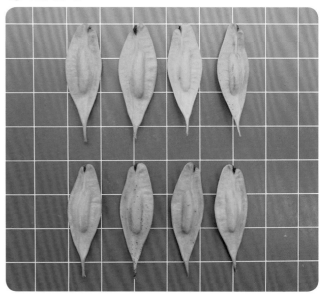

18008C

母树来源于中国医学科学院药用植物研究所，通过嫁接方式保存于中国林科院经济林研究所原阳国家杜仲种质资源库。

树势中庸，树姿直立，成枝力中等，萌芽力中等，节间距2.13cm。叶片倒卵形，叶缘锯齿，叶尖尾尖，基部圆形，叶片长14.47cm，叶片宽7.12cm，叶面积57.10cm^2，叶柄长1.98cm。

雌花单生，形如花瓶，子房狭长，柱头2裂，1室，胚珠2枚，倒生。果实椭圆形，果长3.29cm，果宽1.17cm，果厚1.92mm，果实百粒重8.07g，种仁长1.35cm，种仁宽0.26cm，种仁厚1.22mm。果皮杜仲橡胶含量15.7%，种仁粗脂肪含量30.2%，粗脂肪中α-亚麻酸含量61.5%。

🍃 叶形

🍃 雌花形态

🍃 开花枝

🍃 树形

🍃 结果枝

🍃 果实形态

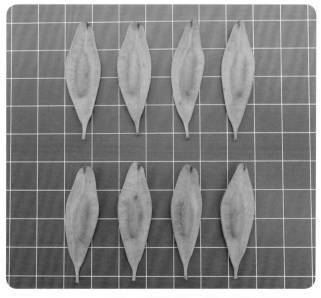

18024C

叶形

母树来源于日本东京植物园，通过嫁接方式保存于中国林科院经济林研究所原阳国家杜仲种质资源库。

树势中庸，树姿半开张，成枝力弱，萌芽力中等，节间距1.66cm。叶片阔椭圆形，叶缘锯齿，叶尖尾尖，基部偏形，叶片长13.20cm，叶片宽6.21cm，叶面积48.89cm^2，叶柄长1.57cm。

雌花单生，形如花瓶，子房狭长，柱头2裂，1室，胚珠2枚，倒生。果实椭圆形，果长2.90cm，果宽1.02cm，果厚1.44mm，果实百粒重7.05g，种仁长1.03cm，种仁宽0.28cm，种仁厚1.18mm。果皮杜仲橡胶含量16.7%，种仁粗脂肪含量28.7%，粗脂肪中α-亚麻酸含量62.4%。

雌花形态

开花枝

树形

结果枝

果实形态

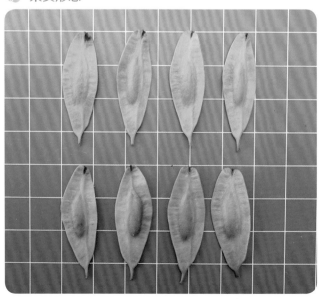

18025C

叶形

　母树来源于日本信州大学，通过嫁接方式保存于中国林科院经济林研究所原阳国家杜仲种质资源库。

　树势中庸，树姿半开张，成枝力中等，萌芽力中等，节间距2.16cm。叶片椭圆形，叶缘锯齿，叶尖尾尖，基部圆形，叶片长12.67cm，叶片宽6.05cm，叶面积47.82cm²，叶柄长1.88cm。

　雌花单生，形如花瓶，子房狭长，柱头2裂，1室，胚珠2枚，倒生。果实椭圆形，果长3.04cm，果宽1.01cm，果厚1.48mm，果实百粒重7.17g，种仁长1.02cm，种仁宽0.25cm，种仁厚1.16mm。果皮杜仲橡胶含量16.0%，种仁粗脂肪含量30.6%，粗脂肪中α-亚麻酸含量68.0%。

雌花形态

开花枝

树形

结果枝组

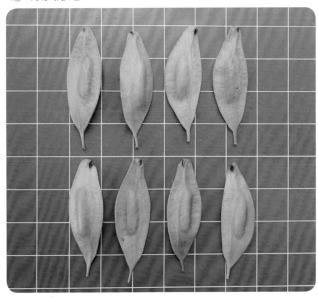
果实形态

EU4-002

通过诱变育种获得的四倍体种质，以嫁接方式保存于中国林科院经济林研究所原阳国家杜仲种质资源库。

树势强，树姿半开张，成枝力弱，萌芽力中等，节间距1.73cm。叶片椭圆形，叶缘锯齿，叶尖尾尖，基部圆形，叶片长13.37cm，叶片宽5.24cm，叶面积36.47cm²，叶柄长1.90cm。

雌花单生，形如花瓶，子房狭长，柱头2裂，1室，胚珠2枚，倒生。果实椭圆形，果长2.96cm，果宽1.27cm，果厚1.19mm，果实百粒重6.98g，种仁长1.13cm，种仁宽0.28cm，种仁厚1.12mm。果皮杜仲橡胶含量16.8%，种仁粗脂肪含量29.4%，粗脂肪中α-亚麻酸含量61.4%。

雌花形态

开花枝

树形

结果枝

果实形态

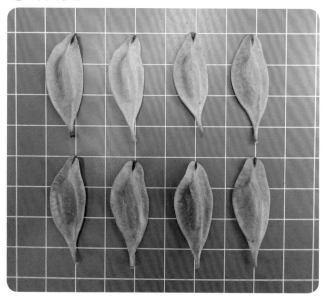

仲杂001

2015年春季，选择11096X作为父本，10504C作为母本进行杂交，当年10月收获杂交种子，2016年春季播种，2021年杂交子代开始开花。

树势强，树姿直立，成枝力弱，萌芽力中等，节间距1.60cm。叶片椭圆形，叶缘锯齿，叶尖渐尖，基部圆形，叶片长13.72cm，叶片宽6.99cm，叶面积61.81cm²，叶柄长1.42cm。

雌花单生，形如花瓶，子房狭长，柱头2裂，1室，胚珠2枚，倒生。果实椭圆形，果长3.10cm，果宽1.56cm，果厚1.43mm，果实百粒重7.63g，种仁长1.40cm，种仁宽0.28cm，种仁厚1.25mm。果皮杜仲橡胶含量16.7%，种仁粗脂肪含量31.2%，粗脂肪中α-亚麻酸含量59.8%。

叶形

雌花形态

开花枝

树形

结果枝

果实形态

仲杂004

2016年春季，选择11034X作为父本，10137C作为母本进行杂交，当年10月收获杂交种子，2017年春季播种，2021年杂交子代开始开花。

树势强，树姿直立，成枝力弱，萌芽力中等，节间距1.65cm。叶片椭圆形，叶缘锯齿，叶尖尾尖，基部偏形，叶片长10.43cm，叶片宽5.80cm，叶面积39.21cm²，叶柄长1.71cm。

雌花单生，形如花瓶，子房狭长，柱头2裂，1室，胚珠2枚，倒生。果实椭圆形，果长2.85cm，果宽1.10cm，果厚1.36mm，果实百粒重6.80g，种仁长1.14cm，种仁宽0.25cm，种仁厚1.20mm。果皮杜仲橡胶含量15.3%，种仁粗脂肪含量29.1%，粗脂肪中α-亚麻酸含量58.9%。

🌱 开花枝

🌱 叶形

🌱 树形

🌱 雌花形态

🌱 结果枝

🌱 果实形态

3.2 优良无性系

10001C

母树来源于湖南省慈利县，通过嫁接方式保存于中国林科院经济林研究所原阳国家杜仲种质资源库。

树势中庸，树姿半开张，成枝力中等，萌芽力中等，节间距2.61cm。叶片椭圆形，叶缘锯齿，叶尖尾尖，基部偏形，叶片长13.67cm，叶片宽6.18cm，叶面积53.88cm²，叶柄长1.84cm。

雌花单生，形如花瓶，子房狭长，柱头2裂，1室，胚珠2枚，倒生。果实椭圆形，果长3.04cm，果宽0.98cm，果厚1.95mm，果实百粒重7.51g，种仁长1.33cm，种仁宽0.29cm，种仁厚1.44mm。果皮杜仲橡胶含量14.6%，种仁粗脂肪含量31.9%，粗脂肪中α-亚麻酸含量58.6%。

叶形

树形

结果枝

雌花形态

开花枝

果实形态
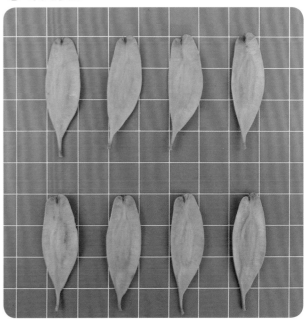

10008C

　　母树来源于湖南省慈利县，通过嫁接方式保存于中国林科院经济林研究所原阳国家杜仲种质资源库。

　　树势中庸，树姿半开张，成枝力中等，萌芽力中等，节间距2.21cm。叶片卵形，叶缘锯齿，叶尖尾尖，基部圆形，叶片长14.98cm，叶片宽7.02cm，叶面积67.33cm^2，叶柄长1.57cm。

　　雌花单生，形如花瓶，子房狭长，柱头2裂，1室，胚珠2枚，倒生。果实弯月形，果长3.51cm，果宽1.08cm，果厚1.96mm，果实百粒重8.80g，种仁长1.37cm，种仁宽0.31cm，种仁厚1.25mm。果皮杜仲橡胶含量14.5%，种仁粗脂肪含量29.8%，粗脂肪中α-亚麻酸含量57.9%。

雌花形态

开花枝

树形

结果枝

果实形态

10017C

母树来源于湖南省慈利县，通过嫁接方式保存于中国林科院经济林研究所原阳国家杜仲种质资源库。

树势强，树姿直立，成枝力中等，萌芽力弱，节间距1.55cm。叶片椭圆形，叶缘锯齿，叶尖尾尖，基部楔形，叶片长14.91cm，叶片宽6.50cm，叶面积60.73cm²，叶柄长2.10cm。

雌花单生，形如花瓶，子房狭长，柱头2裂，1室，胚珠2枚，倒生。果实长椭圆形，果长3.28cm，果宽1.03cm，果厚1.79mm，果实百粒重8.31g，种仁长1.29cm，种仁宽0.29cm，种仁厚1.23mm。果皮杜仲橡胶含量17.1%，种仁粗脂肪含量29.9%，粗脂肪中α-亚麻酸含量60.7%。

叶形

雌花形态

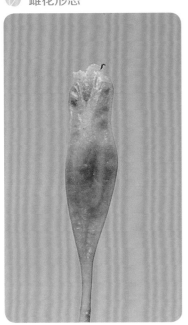

开花枝

树形

结果枝

果实形态

10091C

母树来源于广东省乐昌市，通过嫁接方式保存于中国林科院经济林研究所原阳国家杜仲种质资源库。

树势中庸，树姿半开张，成枝力中等，萌芽力强，节间距1.75cm。叶片椭圆形，叶缘锯齿，叶尖尾尖，基部圆形，叶片长12.75cm，叶片宽5.65cm，叶面积43.32cm²，叶柄长1.69cm。

雌花单生，形如花瓶，子房狭长，柱头2裂，1室，胚珠2枚，倒生。果实长椭圆形，果长3.00cm，果宽0.95cm，果厚1.76mm，果实百粒重6.46g，种仁长1.25cm，种仁宽0.28cm，种仁厚1.12mm。果皮杜仲橡胶含量15.8%，种仁粗脂肪含量31.1%，粗脂肪中α-亚麻酸含量60.0%。

叶形

雌花形态

开花枝

树形

结果枝

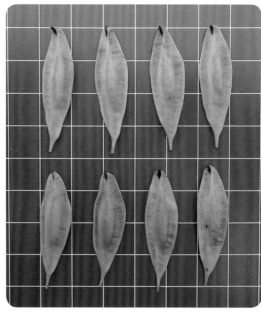

果实形态

10104C

母树来源于河南省鹤壁市，通过嫁接方式保存于中国林科院经济林研究所原阳国家杜仲种质资源库。

树势中庸，树姿半开张，成枝力中等，萌芽力中等，节间距1.87cm。叶片卵形，叶缘锯齿，叶尖尾尖，基部偏形，叶片长13.86cm，叶片宽6.49cm，叶面积58.76cm²，叶柄长2.19cm。

雌花单生，形如花瓶，子房狭长，柱头2裂，1室，胚珠2枚，倒生。果实椭圆形，果长3.16cm，果宽1.10cm，果厚2.12mm，果实百粒重7.30g，种仁长1.32cm，种仁宽0.30cm，种仁厚1.26mm。果皮杜仲橡胶含量16.0%，种仁粗脂肪含量28.0%，粗脂肪中α-亚麻酸含量58.7%。

叶形

雌花形态

开花枝

树形

结果枝组

果实形态

10109C

　　母树来源于北京市万泉河路，通过嫁接方式保存于中国林科院经济林研究所原阳国家杜仲种质资源库。

　　树势中庸，树姿半开张，成枝力中等，萌芽力弱，节间距2.17cm。叶片椭圆形，叶缘锯齿，叶尖尾尖，基部楔形，叶片长14.35cm，叶片宽7.20cm，叶面积68.39cm²，叶柄长1.34cm。

　　雌花单生，形如花瓶，子房狭长，柱头2裂，1室，胚珠2枚，倒生。果实椭圆形，果长3.03cm，果宽1.12cm，果厚1.70mm，果实百粒重8.62g，种仁长1.36cm，种仁宽0.33cm，种仁厚1.36mm。果皮杜仲橡胶含量17.4%，种仁粗脂肪含量31.1%，粗脂肪中α-亚麻酸含量60.3%。

　叶形

　雌花形态

　开花枝

　树形

　结果枝

　果实形态

10118C

叶形

　　母树来源于北京市万泉河路，通过嫁接方式保存于中国林科院经济林研究所原阳国家杜仲种质资源库。

　　树势中庸，树姿半开张，成枝力中等，萌芽力弱，节间距2.17cm。叶片椭圆形，叶缘锯齿，叶尖尾尖，基部楔形，叶片长12.39cm，叶片宽6.23cm，叶面积47.49cm²，叶柄长1.18cm。

　　雌花单生，形如花瓶，子房狭长，柱头2裂，1室，胚珠2枚，倒生。果实椭圆形，果长2.84cm，果宽1.02cm，果厚1.76mm，果实百粒重6.88g，种仁长1.28cm，种仁宽0.31cm，种仁厚1.31mm。果皮杜仲橡胶含量17.2%，种仁粗脂肪含量31.4%，粗脂肪中α-亚麻酸含量61.3%。

雌花形态

开花枝

树形

结果枝

果实形态

10130C

叶形

母树来源于北京市万泉河路，通过嫁接方式保存于中国林科院经济林研究所原阳国家杜仲种质资源库。

树势中庸，树姿开张，成枝力弱，萌芽力中等，节间距1.90cm。叶片椭圆形，叶缘锯齿，叶尖尾尖，基部圆形，叶片长13.36cm，叶片宽6.60cm，叶面积57.14cm^2，叶柄长2.06cm。

雌花单生，形如花瓶，子房狭长，柱头2裂，1室，胚珠2枚，倒生。果实偏椭圆形，果长3.14cm，果宽1.01cm，果厚2.06mm，果实百粒重8.22g，种仁长1.24cm，种仁宽0.30cm，种仁厚1.14mm。果皮杜仲橡胶含量18.9%，种仁粗脂肪含量29.8%，粗脂肪中α-亚麻酸含量58.2%。

雌花形态

开花枝

树形

结果枝组

果实形态

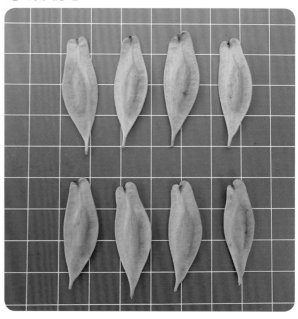

10131C

母树来源于北京市万泉河路，通过嫁接方式保存于中国林科院经济林研究所原阳国家杜仲种质资源库。

树势中庸，树姿半开张，成枝力中等，萌芽力中等，节间距2.21cm。叶片椭圆形，叶缘锯齿，叶尖尾尖，基部楔形，叶片长12.72cm，叶片宽5.95cm，叶面积49.04cm²，叶柄长1.93cm。

雌花单生，形如花瓶，子房狭长，柱头2裂，1室，胚珠2枚，倒生。果实椭圆形，果长2.88cm，果宽1.10cm，果厚1.90mm，果实百粒重6.75g，种仁长1.16cm，种仁宽0.29cm，种仁厚1.34mm。果皮杜仲橡胶含量16.5%，种仁粗脂肪含量29.4%，粗脂肪中α-亚麻酸含量59.0%。

🍃 叶形

🍃 雌花形态

🍃 开花枝

🍃 树形

🍃 结果枝组

🍃 果实形态

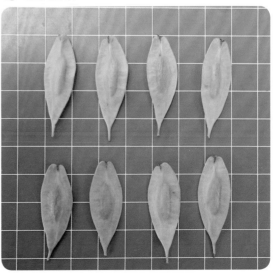

10132C

　　母树来源于北京市万泉河路，通过嫁接方式保存于中国林科院经济林研究所原阳国家杜仲种质资源库。

　　树势中庸，树姿开张，成枝力中等，萌芽力中等，节间距2.43cm。叶片椭圆形，叶缘锯齿，叶尖尾尖，基部楔形，叶片长11.27cm，叶片宽6.13cm，叶面积45.27cm²，叶柄长1.41cm。

　　雌花单生，形如花瓶，子房狭长，柱头2裂，1室，胚珠2枚，倒生。果实椭圆形，果长2.97cm，果宽0.97cm，果厚1.87mm，果实百粒重7.12g，种仁长1.20cm，种仁宽0.29cm，种仁厚1.29mm。果皮杜仲橡胶含量15.5%，种仁粗脂肪含量29.7%，粗脂肪中α-亚麻酸含量59.4%。

🌱 叶形

🌱 雌花形态

🌱 开花枝

🌱 树形

🌱 结果枝

🌱 果实形态

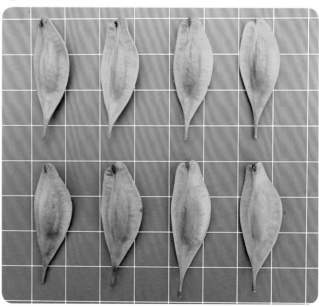

10138C

母树来源于北京市万泉河路，通过嫁接方式保存于中国林科院经济林研究所原阳国家杜仲种质资源库。

树势弱，树姿开张，成枝力中等，萌芽力中等，节间距1.97cm。叶片椭圆形，叶缘锯齿，叶尖尾尖，基部楔形，叶片长10.69cm，叶片宽4.89cm，叶面积33.15cm^2，叶柄长1.43cm。

雌花单生，形如花瓶，子房狭长，柱头2裂，1室，胚珠2枚，倒生。果实椭圆形，果长3.02cm，果宽1.00cm，果厚1.69mm，果实百粒重7.78g，种仁长1.28cm，种仁宽0.28cm，种仁厚1.22mm。果皮杜仲橡胶含量17.7%，种仁粗脂肪含量29.5%，粗脂肪中α-亚麻酸含量60.4%。

雌花形态

开花枝

树形

结果枝

果实形态

10142C

叶形

　　母树来源于北京市万泉河路，通过嫁接方式保存于中国林科院经济林研究所原阳国家杜仲种质资源库。

　　树势中庸，树姿半开张，成枝力中等，萌芽力中等，节间距1.73cm。叶片长椭圆形，叶缘钝齿，叶尖尾尖，基部圆形，叶片长16.10cm，叶片宽6.43cm，叶面积64.11cm²，叶柄长2.23cm。

　　雌花单生，形如花瓶，子房狭长，柱头2裂，1室，胚珠2枚，倒生。果实椭圆形，果长3.06cm，果宽1.20cm，果厚1.85mm，果实百粒重8.93g，种仁长1.43cm，种仁宽0.33cm，种仁厚1.36mm。果皮杜仲橡胶含量16.0%，种仁粗脂肪含量33.3%，粗脂肪中α-亚麻酸含量61.2%。

雌花形态

开花枝

树形

结果枝

果实形态

10146C

母树来源于北京市清华大学，通过嫁接方式保存于中国林科院经济林研究所原阳国家杜仲种质资源库。

树势弱，树姿开张，成枝力弱，萌芽力中等，节间距1.96cm。叶片椭圆形，叶缘锯齿，叶尖尾尖，基部偏形，叶片长11.98cm，叶片宽5.72cm，叶面积43.94cm²，叶柄长2.30cm。

雌花单生，形如花瓶，子房狭长，柱头2裂，1室，胚珠2枚，倒生。果实椭圆形，果长3.09cm，果宽1.06cm，果厚2.10mm，果实百粒重8.82g，种仁长1.33cm，种仁宽0.32cm，种仁厚1.49mm。果皮杜仲橡胶含量16.4%，种仁粗脂肪含量29.1%，粗脂肪中α-亚麻酸含量60.7%。

叶形

雌花形态

开花枝

树形

结果枝组

果实形态

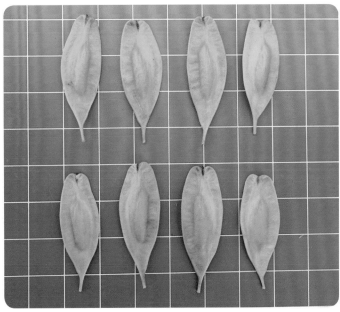

10151C

母树来源于北京市清华大学，通过嫁接方式保存于中国林科院经济林研究所原阳国家杜仲种质资源库。

树势强，树姿直立，成枝力中等，萌芽力中等，节间距2.21cm。叶片椭圆形，叶缘锯齿，叶尖渐尖，基部偏形，叶片长13.90cm，叶片宽6.69cm，叶面积61.41cm²，叶柄长2.05cm。

雌花单生，形如花瓶，子房狭长，柱头2裂，1室，胚珠2枚，倒生。果实椭圆形，果长3.14cm，果宽1.13cm，果厚2.34mm，果实百粒重9.03g，种仁长1.26cm，种仁宽0.33cm，种仁厚1.44mm。果皮杜仲橡胶含量15.2%，种仁粗脂肪含量30.9%，粗脂肪中α-亚麻酸含量64.1%。

雌花形态

开花枝

树形

结果枝

果实形态

10152C

叶形

母树来源于北京市清华大学，通过嫁接方式保存于中国林科院经济林研究所原阳国家杜仲种质资源库。

树势中庸，树姿半开张，成枝力中等，萌芽力中等，节间距2.53cm。叶片椭圆形，叶缘锯齿，叶尖渐尖，基部偏形，叶片长14.44cm，叶片宽6.22cm，叶面积56.64cm^2，叶柄长1.59cm。

雌花单生，形如花瓶，子房狭长，柱头2裂，1室，胚珠2枚，倒生。果实椭圆形，果长3.02cm，果宽1.06cm，果厚1.99mm，果实百粒重8.60g，种仁长1.26cm，种仁宽0.31cm，种仁厚1.64mm。果皮杜仲橡胶含量15.7%，种仁粗脂肪含量28.5%，粗脂肪中α-亚麻酸含量57.2%。

雌花形态

开花枝

树形

结果枝组

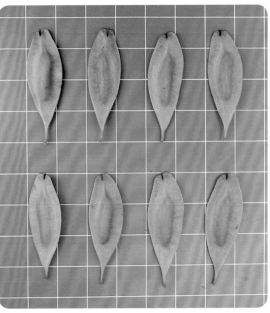
果实形态

10155C

　　母树来源于北京市杜仲公园，通过嫁接方式保存于中国林科院经济林研究所原阳国家杜仲种质资源库。

　　树势中庸，树姿半开张，成枝力中等，萌芽力中等，节间距2.07cm。叶片椭圆形，叶缘锯齿，叶尖渐尖，基部圆形，叶片长12.35cm，叶片宽6.57cm，叶面积52.87cm²，叶柄长2.37cm。

　　雌花单生，形如花瓶，子房狭长，柱头2裂，1室，胚珠2枚，倒生。果实弯月形，果长2.98cm，果宽1.09cm，果厚2.14mm，果实百粒重8.92g，种仁长1.24cm，种仁宽0.32cm，种仁厚1.49mm。果皮杜仲橡胶含量17.3%，种仁粗脂肪含量28.9%，粗脂肪中α-亚麻酸含量57.4%。

雌花形态

开花枝

树形

结果枝

果实形态

10156C

母树来源于北京市杜仲公园，通过嫁接方式保存于中国林科院经济林研究所原阳国家杜仲种质资源库。

树势中庸，树姿半开张，成枝力中等，萌芽力强，节间距2.28cm。叶片椭圆形，叶缘锯齿，叶尖尾尖，基部圆形，叶片长15.19cm，叶片宽6.84，叶面积65.01cm²，叶柄长1.53cm。

雌花单生，形如花瓶，子房狭长，柱头2裂，1室，胚珠2枚，倒生。果实椭圆形，果长3.24cm，果宽1.09cm，果厚1.85mm，果实百粒重8.82g，种仁长1.19cm，种仁宽0.31cm，种仁厚1.42mm。果皮杜仲橡胶含量15.7%，种仁粗脂肪含量29.9%，粗脂肪中α-亚麻酸含量60.1%。

 叶形

 雌花形态

 开花枝

 树形

 结果枝组

 果实形态

10160C

叶形

　　母树来源于北京市杜仲公园，通过嫁接方式保存于中国林科院经济林研究所原阳国家杜仲种质资源库。

　　树势中庸，树姿半开张，成枝力中等，萌芽力中等，节间距2.78cm。叶片椭圆形，叶缘锯齿，叶尖尾尖，基部偏形，叶片长12.54cm，叶片宽6.46cm，叶面积53.47cm²，叶柄长1.70cm。

　　雌花单生，形如花瓶，子房狭长，柱头2裂，1室，胚珠2枚，倒生。果实椭圆形，果长3.07cm，果宽1.05cm，果厚1.93mm，果实百粒重9.12g，种仁长1.30cm，种仁宽0.31cm，种仁厚1.35mm。果皮杜仲橡胶含量16.4%，种仁粗脂肪含量29.0%，粗脂肪中α-亚麻酸含量58.6%。

雌花形态

开花枝

树形

结果枝

果实形态

10165C

母树来源于北京市杜仲公园，通过嫁接方式保存于中国林科院经济林研究所原阳国家杜仲种质资源库。

树势中庸，树姿半开张，成枝力中等，萌芽力强，节间距2.32cm。叶片椭圆形，叶缘锯齿，叶尖尾尖，基部楔形，叶片长12.86cm，叶片宽6.20cm，叶面积50.69cm^2，叶柄长1.98cm。

雌花单生，形如花瓶，子房狭长，柱头2裂，1室，胚珠2枚，倒生。果实长椭圆形，果长3.46cm，果宽1.19cm，果厚2.07mm，果实百粒重9.49g，种仁长1.45cm，种仁宽0.32cm，种仁厚1.29mm。果皮杜仲橡胶含量15.1%，种仁粗脂肪含量28.1%，粗脂肪中α-亚麻酸含量58.3%。

叶形

雌花形态

开花枝

树形

结果枝

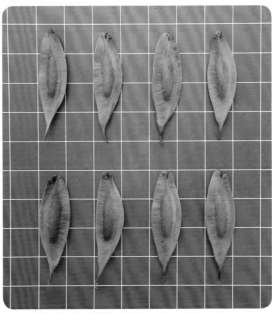

果实形态

10171C

叶形

母树来源于北京市杜仲公园，通过嫁接方式保存于中国林科院经济林研究所原阳国家杜仲种质资源库。

树势中庸，树姿半开张，成枝力中等，萌芽力中等，节间距1.71cm。叶片椭圆形，叶缘锯齿，叶尖尾尖，基部楔形，叶片长12.97cm，叶片宽7.58cm，叶面积64.80cm²，叶柄长1.96cm。

雌花单生，形如花瓶，子房狭长，柱头2裂，1室，胚珠2枚，倒生。果实椭圆形，果长3.21cm，果宽1.14cm，果厚1.79mm，果实百粒重8.78g，种仁长1.22cm，种仁宽0.28cm，种仁厚1.36mm。果皮杜仲橡胶含量14.6%，种仁粗脂肪含量30.7%，粗脂肪中α-亚麻酸含量52.4%。

雌花形态

开花枝

树形

结果枝

果实形态

10173C

叶形

母树来源于北京市杜仲公园，通过嫁接方式保存于中国林科院经济林研究所原阳国家杜仲种质资源库。

树势中庸，树姿半开张，成枝力中等，萌芽力中等，节间距2.08cm。叶片卵形，叶缘锯齿，叶尖尾尖，基部圆形，叶片长14.61cm，叶片宽6.65cm，叶面积61.31cm^2，叶柄长2.05cm。

雌花单生，形如花瓶，子房狭长，柱头2裂，1室，胚珠2枚，倒生。果实偏椭圆形，果长3.14cm，果宽1.18cm，果厚2.02mm，果实百粒重9.98g，种仁长1.47cm，种仁宽0.32cm，种仁厚1.33mm。果皮杜仲橡胶含量16.3%，种仁粗脂肪含量32.3%，粗脂肪中α-亚麻酸含量58.2%。

雌花形态

开花枝

树形

结果枝

果实形态
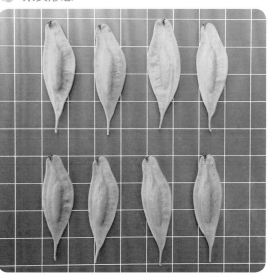

10187C

叶形

　　母树来源于北京市杜仲公园，通过嫁接方式保存于中国林科院经济林研究所原阳国家杜仲种质资源库。

　　树势中庸，树姿直立，成枝力中等，萌芽力中等，节间距1.86cm。叶片阔椭圆形，叶缘锯齿，叶尖尾尖，基部圆形，叶片长11.53cm，叶片宽6.28cm，叶面积46.39cm²，叶柄长1.52cm。

　　雌花单生，形如花瓶，子房狭长，柱头2裂，1室，胚珠2枚，倒生。果实弯月形，果长2.97cm，果宽1.05cm，果厚1.77mm，果实百粒重7.44g，种仁长1.21cm，种仁宽0.29cm，种仁厚1.32mm。果皮杜仲橡胶含量14.9%，种仁粗脂肪含量27.8%，粗脂肪中α-亚麻酸含量58.6%。

雌花形态

开花枝

树形

结果枝

果实形态

10188C

母树来源于北京市杜仲公园，通过嫁接方式保存于中国林科院经济林研究所原阳国家杜仲种质资源库。

树势中庸，树姿半开张，成枝力中等，萌芽力中等，节间距2.22cm。叶片椭圆形，叶缘圆齿，叶尖尾尖，基部偏形，叶片长14.57cm，叶片宽6.73cm，叶面积60.78cm²，叶柄长1.91cm。

雌花单生，形如花瓶，子房狭长，柱头2裂，1室，胚珠2枚，倒生。果实椭圆形，果长2.85cm，果宽1.11cm，果厚1.91mm，果实百粒重7.46g，种仁长1.35cm，种仁宽0.29cm，种仁厚1.51mm。果皮杜仲橡胶含量16.7%，种仁粗脂肪含量28.0%，粗脂肪中α-亚麻酸含量58.4%。

 叶形

 雌花形态

 开花枝

 树形

 结果枝

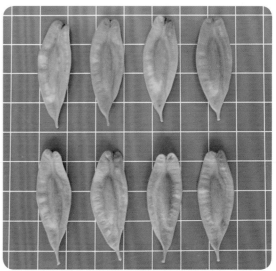 果实形态

10209C

叶形

　　母树来源于北京市杜仲公园，通过嫁接方式保存于中国林科院经济林研究所原阳国家杜仲种质资源库。

　　树势中庸，树姿半开张，成枝力中等，萌芽力中等，节间距1.76cm。叶片椭圆形，叶缘锯齿，叶尖尾尖，基部偏形，叶片长14.60cm，叶片宽6.06cm，叶面积54.35cm²，叶柄长1.59cm。

　　雌花单生，形如花瓶，子房狭长，柱头2裂，1室，胚珠2枚，倒生。果实偏椭圆形，果长3.28cm，果宽1.12cm，果厚1.90mm，果实百粒重8.26g，种仁长1.25cm，种仁宽0.29cm，种仁厚1.36mm。果皮杜仲橡胶含量19.0%，种仁粗脂肪含量30.1%，粗脂肪中α-亚麻酸含量57.9%。

雌花形态

开花枝

树形

结果枝组

果实形态

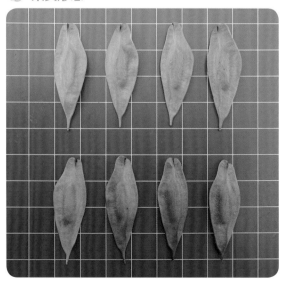

10213C

叶形

母树来源于北京市杜仲公园,通过嫁接方式保存于中国林科院经济林研究所原阳国家杜仲种质资源库。

树势中庸,树姿半开张,成枝力中等,萌芽力中等,节间距1.92cm。叶片椭圆形,叶缘牙齿,叶尖尾尖,基部圆形,叶片长13.56cm,叶片宽6.82cm,叶面积58.11cm²,叶柄长1.83cm。

雌花单生,形如花瓶,子房狭长,柱头2裂,1室,胚珠2枚,倒生。果实偏椭圆形,果长2.96cm,果宽1.12cm,果厚1.64mm,果实百粒重6.99g,种仁长1.22cm,种仁宽0.29cm,种仁厚1.25mm。果皮杜仲橡胶含量16.0%,种仁粗脂肪含量30.9%,粗脂肪中α-亚麻酸含量57.0%。

雌花形态

开花枝

树形

结果枝

果实形态

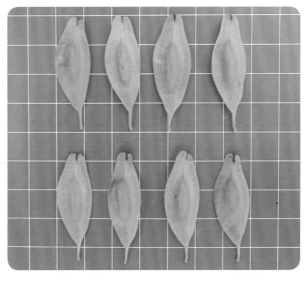

10220C

母树来源于北京市杜仲公园，通过嫁接方式保存于中国林科院经济林研究所原阳国家杜仲种质资源库。

树势中庸，树姿半开张，成枝力中等，萌芽力中等，节间距2.25cm。叶片倒卵形，叶缘钝齿，叶尖尾尖，基部偏形，叶片长15.08cm，叶片宽7.41cm，叶面积72.36cm²，叶柄长2.02cm。

雌花单生，形如花瓶，子房狭长，柱头2裂，1室，胚珠2枚，倒生。果实椭圆形，果长2.91cm，果宽1.20cm，果厚2.27mm，果实百粒重8.68g，种仁长1.17cm，种仁宽0.30cm，种仁厚1.55mm。果皮杜仲橡胶含量17.0%，种仁粗脂肪含量28.2%，粗脂肪中α-亚麻酸含量57.1%。

雌花形态

开花枝

树形

结果枝

果实形态

10224C

母树来源于北京市杜仲公园，通过嫁接方式保存于中国林科院经济林研究所原阳国家杜仲种质资源库。

树势中庸，树姿直立，成枝力弱，萌芽力中等，节间距1.85cm。叶片阔椭圆形，叶缘锯齿，叶尖渐尖，基部圆形，叶片长13.17cm，叶片宽6.82cm，叶面积58.11cm²，叶柄长2.23cm。

雌花单生，形如花瓶，子房狭长，柱头2裂，1室，胚珠2枚，倒生。果实弯月形，果长3.69cm，果宽1.23cm，果厚1.95mm，果实百粒重9.86g，种仁长1.56cm，种仁宽0.31cm，种仁厚1.36mm。果皮杜仲橡胶含量14.8%，种仁粗脂肪含量28.9%，粗脂肪中α-亚麻酸含量58.5%。

雌花形态

开花枝

树形

结果枝

果实形态

10225C

　　母树来源于北京市杜仲公园，通过嫁接方式保存于中国林科院经济林研究所原阳国家杜仲种质资源库。

　　树势中庸，树姿半开张，成枝力中等，萌芽力中等，节间距1.57cm。叶片椭圆形，叶缘锯齿，叶尖尾尖，基部偏形，叶片长10.49cm，叶片宽5.88cm，叶面积46.13cm²，叶柄长1.62cm。

　　雌花单生，形如花瓶，子房狭长，柱头2裂，1室，胚珠2枚，倒生。果实偏椭圆形，果长3.20cm，果宽1.22cm，果厚1.92mm，果实百粒重8.65g，种仁长1.35cm，种仁宽0.32cm，种仁厚1.43mm。果皮杜仲橡胶含量14.6%，种仁粗脂肪含量33.5%，粗脂肪中α-亚麻酸含量58.7%。

雌花形态

开花枝

树形

结果枝组

果实形态

10226C

母树来源于北京市杜仲公园，通过嫁接方式保存于中国林科院经济林研究所原阳国家杜仲种质资源库。

树势中庸，树姿开张，成枝力中等，萌芽力中等，节间距1.95cm。叶片阔椭圆形，叶缘锯齿，叶尖渐尖，基部偏形，叶片长10.02cm，叶片宽5.43cm，叶面积36.14cm²，叶柄长2.16cm。

雌花单生，形如花瓶，子房狭长，柱头2裂，1室，胚珠2枚，倒生。果实椭圆形，果长2.92cm，果宽1.07cm，果厚1.93mm，果实百粒重8.40g，种仁长1.32cm，种仁宽0.30cm，种仁厚1.34mm。果皮杜仲橡胶含量14.5%，种仁粗脂肪含量32.2%，粗脂肪中α-亚麻酸含量63.2%。

雌花形态

开花枝

树形

结果枝组

果实形态

10241C

　　母树来源于北京市杜仲公园，通过嫁接方式保存于中国林科院经济林研究所原阳国家杜仲种质资源库。

　　树势中庸，树姿半开张，成枝力中等，萌芽力强，节间距1.55cm。叶片椭圆形，叶缘锯齿，叶尖尾尖，基部偏形，叶片长12.94cm，叶片宽6.01cm，叶面积50.64cm²，叶柄长1.89cm。

　　雌花单生，形如花瓶，子房狭长，柱头2裂，1室，胚珠2枚，倒生。果实椭圆形，果长2.99cm，果宽1.11cm，果厚1.89mm，果实百粒重7.18g，种仁长1.28cm，种仁宽0.29cm，种仁厚1.21mm。果皮杜仲橡胶含量14.7%，种仁粗脂肪含量30.7%，粗脂肪中α-亚麻酸含量61.8%。

雌花形态

开花枝

树形

结果枝

果实形态

10261C

母树来源于北京市杜仲公园，通过嫁接方式保存于中国林科院经济林研究所原阳国家杜仲种质资源库。

树势中庸，树姿半开张，成枝力中等，萌芽力中等，节间距1.92cm。叶片椭圆形，叶缘锯齿，叶尖尾尖，基部圆形，叶片长11.62cm，叶片宽6.66cm，叶面积51.15cm²，叶柄长1.26cm。

雌花单生，形如花瓶，子房狭长，柱头2裂，1室，胚珠2枚，倒生。果实椭圆形，果长2.97cm，果宽1.07cm，果厚2.07mm，果实百粒重8.35g，种仁长1.29cm，种仁宽0.33cm，种仁厚1.60mm。果皮杜仲橡胶含量18.0%，种仁粗脂肪含量30.1%，粗脂肪中α-亚麻酸含量58.7%。

 叶形

 雌花形态

 开花枝

 树形

 结果枝组

 果实形态

10262C

　　母树来源于北京市杜仲公园，通过嫁接方式保存于中国林科院经济林研究所原阳国家杜仲种质资源库。

　　树势中庸，树姿半开张，成枝力中等，萌芽力中等，节间距2.04cm。叶片椭圆形，叶缘锯齿，叶尖尾尖，基部圆形，叶片长13.66cm，叶片宽6.56cm，叶面积58.00cm²，叶柄长1.85cm。

　　雌花单生，形如花瓶，子房狭长，柱头2裂，1室，胚珠2枚，倒生。果实偏椭圆形，果长3.35cm，果宽1.22cm，果厚2.10mm，果实百粒重9.70g，种仁长1.38cm，种仁宽0.32cm，种仁厚1.41mm。果皮杜仲橡胶含量15.9%，种仁粗脂肪含量28.5%，粗脂肪中α-亚麻酸含量62.0%。

雌花形态

开花枝

树形

结果枝组

果实形态

10273C

母树来源于北京市杜仲公园，通过嫁接方式保存于中国林科院经济林研究所原阳国家杜仲种质资源库。

树势强，树姿半开张，成枝力中等，萌芽力强，节间距2.13cm。叶片椭圆形，叶缘锯齿，叶尖尾尖，基部心形，叶片长13.14cm，叶片宽6.90cm，叶面积56.77cm²，叶柄长2.08cm。

雌花单生，形如花瓶，子房狭长，柱头2裂，1室，胚珠2枚，倒生。果实椭圆形，果长2.87cm，果宽1.08cm，果厚1.69mm，果实百粒重8.00g，种仁长1.20cm，种仁宽0.29cm，种仁厚1.17mm。果皮杜仲橡胶含量16.6%，种仁粗脂肪含量31.1%，粗脂肪中α-亚麻酸含量62.6%。

雌花形态

开花枝

树形

结果枝组

果实形态

10274C

　　母树来源于北京市杜仲公园，通过嫁接方式保存于中国林科院经济林研究所原阳国家杜仲种质资源库。

　　树势中庸，树姿半开张，成枝力中等，萌芽力中等，节间距1.96cm。叶片椭圆形，叶缘锯齿，叶尖尾尖，基部偏形，叶片长12.56cm，叶片宽5.82cm，叶面积47.08cm²，叶柄长2.19cm。

　　雌花单生，形如花瓶，子房狭长，柱头2裂，1室，胚珠2枚，倒生。果实椭圆形，果长3.12cm，果宽0.99cm，果厚1.86mm，果实百粒重8.11g，种仁长1.37cm，种仁宽0.28cm，种仁厚1.30mm。果皮杜仲橡胶含量16.6%，种仁粗脂肪含量28.4%，粗脂肪中α-亚麻酸含量62.0%。

🌿 叶形

🌿 雌花形态

🌿 开花枝

🌿 树形

🌿 结果枝组

🌿 果实形态

10478C

　　母树来源于江苏省响水县，通过嫁接方式保存于中国林科院经济林研究所原阳国家杜仲种质资源库。

　　树势中庸，树姿半开张，成枝力中等，萌芽力强，节间距1.92cm。叶片椭圆形，叶缘锯齿，叶尖尾尖，基部圆形，叶片长10.53cm，叶片宽6.13cm，叶面积42.19cm^2，叶柄长1.45cm。

　　雌花单生，形如花瓶，子房狭长，柱头2裂，1室，胚珠2枚，倒生。果实偏椭圆形，果长3.41cm，果宽1.11cm，果厚1.70mm，果实百粒重9.13g，种仁长1.50cm，种仁宽0.28cm，种仁厚1.45mm。果皮杜仲橡胶含量16.2%，种仁粗脂肪含量29.4%，粗脂肪中α-亚麻酸含量62.7%。

🌱 叶形

🌱 雌花形态

🌱 开花枝

🌱 树形

🌱 结果枝

🌱 果实形态

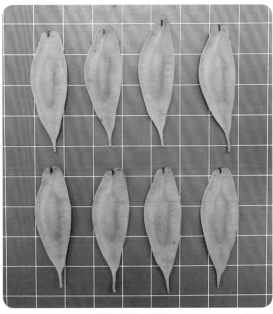

10494C

母树来源于河南省延津县，通过嫁接方式保存于中国林科院经济林研究所原阳国家杜仲种质资源库。

树势中庸，树姿半开张，成枝力中等，萌芽力中等，节间距 2.23cm。叶片椭圆形，叶缘锯齿，叶尖尾尖，基部圆形，叶片长 13.84cm，叶片宽 6.95cm，叶面积 58.39cm²，叶柄长 2.18cm。

雌花单生，形如花瓶，子房狭长，柱头 2 裂，1 室，胚珠 2 枚，倒生。果实偏椭圆形，果长 3.63cm，果宽 1.18cm，果厚 2.13mm，果实百粒重 10.65g，种仁长 1.39cm，种仁宽 0.32cm，种仁厚 1.59mm。果皮杜仲橡胶含量 14.4%，种仁粗脂肪含量 28.4%，粗脂肪中 α- 亚麻酸含量 61.1%。

雌花形态

开花枝

树形

结果枝组

果实形态

10505C

母树来源于河南省洛阳市，通过嫁接方式保存于中国林科院经济林研究所原阳国家杜仲种质资源库。

树势强，树姿开张，成枝力强，萌芽力强，节间距1.64cm。叶片倒卵形，叶缘锯齿，叶尖尾尖，基部偏形，叶片长12.76cm，叶片宽5.87cm，叶面积46.85cm²，叶柄长1.98cm。

雌花单生，形如花瓶，子房狭长，柱头2裂，1室，胚珠2枚，倒生。果实椭圆形，果长2.96cm，果宽1.09cm，果厚2.10mm，果实百粒重8.73g，种仁长1.36cm，种仁宽0.29cm，种仁厚1.43mm。果皮杜仲橡胶含量16.2%，种仁粗脂肪含量29.2%，粗脂肪中α-亚麻酸含量62.6%。

🍃 叶形

🍃 雌花形态

🍃 开花枝

🍃 树形

🍃 结果枝

🍃 果实形态

10512C

母树来源于河南省洛阳市，通过嫁接方式保存于中国林科院经济林研究所原阳国家杜仲种质资源库。

树势强，树姿直立，成枝力弱，萌芽力中等，节间距1.76cm。叶片椭圆形，叶缘钝齿，叶尖尾尖，基部心形，叶片长13.24cm，叶片宽7.30cm，叶面积61.52cm^2，叶柄长1.92cm。

雌花单生，形如花瓶，子房狭长，柱头2裂，1室，胚珠2枚，倒生。果实椭圆形，果长3.43cm，果宽1.14cm，果厚2.10mm，果实百粒重9.66g，种仁长1.36cm，种仁宽0.28cm，种仁厚1.43mm。果皮杜仲橡胶含量16.4%，种仁粗脂肪含量29.4%，粗脂肪中α-亚麻酸含量63.2%。

🌱 叶形

🌱 雌花形态

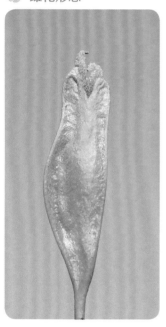

🌱 开花枝

🌱 树形

🌱 结果枝

🌱 果实形态

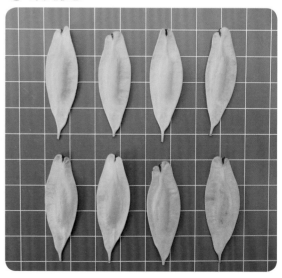

10517C

母树来源于河南省洛阳市，通过嫁接方式保存于中国林科院经济林研究所原阳国家杜仲种质资源库。

树势中庸，树姿开张，成枝力强，萌芽力强，节间距1.38cm。叶片椭圆形，叶缘钝齿，叶尖尾尖，基部偏形，叶片长11.62cm，叶片宽5.90cm，叶面积45.25cm²，叶柄长1.56cm。

雌花单生，形如花瓶，子房狭长，柱头2裂，1室，胚珠2枚，倒生。果实椭圆形，果长3.14cm，果宽1.08cm，果厚1.70mm，果实百粒重8.43g，种仁长1.35cm，种仁宽0.31cm，种仁厚1.31mm。果皮杜仲橡胶含量15.9%，种仁粗脂肪含量31.7%，粗脂肪中α-亚麻酸含量64.9%。

🌿 叶形

🌿 雌花形态

🌿 开花枝

🌿 树形

🌿 结果枝

🌿 果实形态

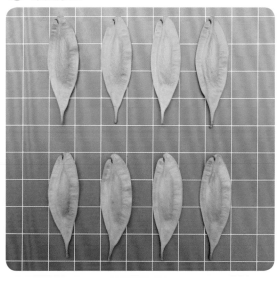

10529C

母树来源于河南省洛阳市，通过嫁接方式保存于中国林科院经济林研究所原阳国家杜仲种质资源库。

树势中庸，树姿开张，成枝力中等，萌芽力强，节间距1.80cm。叶片阔椭圆形，叶缘锯齿，叶尖渐尖，基部偏形，叶片长13.30cm，叶片宽6.93cm，叶面积59.67cm²，叶柄长1.71cm。

雌花单生，形如花瓶，子房狭长，柱头2裂，1室，胚珠2枚，倒生。果实椭圆形，果长3.07cm，果宽1.05cm，果厚1.90mm，果实百粒重7.55g，种仁长1.17cm，种仁宽0.30cm，种仁厚1.36mm。果皮杜仲橡胶含量16.1%，种仁粗脂肪含量32.5%，粗脂肪中α-亚麻酸含量60.2%。

叶形

雌花形态

开花枝

树形

结果枝

果实形态

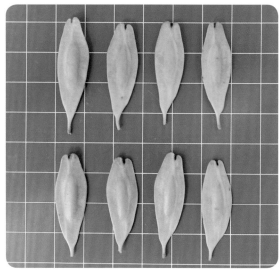

10554C

母树来源于河南省洛阳市，通过嫁接方式保存于中国林科院经济林研究所原阳国家杜仲种质资源库。

树势中庸，树姿半开张，成枝力中等，萌芽力中等，节间距2.48cm。叶片椭圆形，叶缘钝齿，叶尖渐尖，基部圆形，叶片长14.68cm，叶片宽6.86cm，叶面积64.88cm²，叶柄长1.51cm。

雌花单生，形如花瓶，子房狭长，柱头2裂，1室，胚珠2枚，倒生。果实纺锤形，果长3.06cm，果宽0.99cm，果厚1.89mm，果实百粒重7.49g，种仁长1.13cm，种仁宽0.29cm，种仁厚1.46mm。果皮杜仲橡胶含量15.2%，种仁粗脂肪含量30.7%，粗脂肪中α-亚麻酸含量62.8%。

叶形

雌花形态

开花枝

树形

结果枝

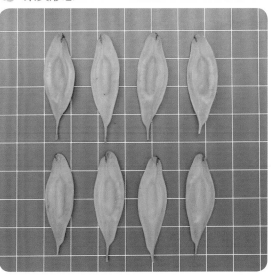

果实形态

10556C

叶形

　　母树来源于河南省洛阳市，通过嫁接方式保存于中国林科院经济林研究所原阳国家杜仲种质资源库。

　　树势强，树姿半开张，成枝力强，萌芽力强，节间距1.92cm。叶片椭圆形，叶缘锯齿，叶尖尾尖，基部圆形，叶片长12.76cm，叶片宽5.58cm，叶面积46.49cm^2，叶柄长1.63cm。

　　雌花单生，形如花瓶，子房狭长，柱头2裂，1室，胚珠2枚，倒生。果实椭圆形，果长2.95cm，果宽0.93cm，果厚1.98mm，果实百粒重7.48g，种仁长1.24cm，种仁宽0.27cm，种仁厚1.38mm。果皮杜仲橡胶含量16.0%，种仁粗脂肪含量31.6%，粗脂肪中α-亚麻酸含量61.5%。

雌花形态

开花枝

树形

结果枝

果实形态

10565C

母树来源于河南省洛阳市，通过嫁接方式保存于中国林科院经济林研究所原阳国家杜仲种质资源库。

树势中庸，树姿半开张，成枝力中等，萌芽中等，节间距2.30cm。叶片阔卵形，叶缘锯齿，叶尖尾尖，基部心形，叶片长14.49cm，叶片宽7.50cm，叶面积66.49cm²，叶柄长1.96cm。

雌花单生，形如花瓶，子房狭长，柱头2裂，1室，胚珠2枚，倒生。果实椭圆形，果长2.86cm，果宽1.03cm，果厚1.81mm，果实百粒重7.37g，种仁长1.20cm，种仁宽0.25cm，种仁厚1.12mm。果皮杜仲橡胶含量14.8%，种仁粗脂肪含量26.1%，粗脂肪中α-亚麻酸含量58.2%。

🍃 叶形

🍃 雌花形态

🍃 开花枝

🍃 树形

🍃 结果枝

🍃 果实形态

10581C

　　母树来源于河南省洛阳市，通过嫁接方式保存于中国林科院经济林研究所原阳国家杜仲种质资源库。

　　树势强，树姿半开张，成枝力中等，萌芽力中等，节间距2.20cm。叶片椭圆形，叶缘锯齿，叶尖尾尖，基部偏形，叶片长12.93cm，叶片宽6.31cm，叶面积52.65cm²，叶柄长1.82cm。

　　雌花单生，形如花瓶，子房狭长，柱头2裂，1室，胚珠2枚，倒生。果实椭圆形，果长2.92cm，果宽1.07cm，果厚2.04mm，果实百粒重7.66g，种仁长1.39cm，种仁宽0.30cm，种仁厚1.34mm。果皮杜仲橡胶含量15.2%，种仁粗脂肪含量30.4%，粗脂肪中α-亚麻酸含量61.9%。

雌花形态

开花枝

树形

结果枝

果实形态

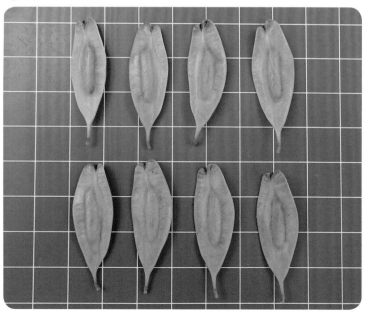

10604C

母树来源于河南省灵宝市，通过嫁接方式保存于中国林科院经济林研究所原阳国家杜仲种质资源库。

树势强，树姿直立，成枝力中等，萌芽力强，节间距1.76cm。叶片长椭圆形，叶缘钝齿，叶尖尾尖，基部圆形，叶片长12.66cm，叶片宽5.60cm，叶面积40.00cm²，叶柄长1.65cm。

雌花单生，形如花瓶，子房狭长，柱头2裂，1室，胚珠2枚，倒生。果实椭圆形，果长2.97cm，果宽1.00cm，果厚1.42mm，果实百粒重6.89g，种仁长1.02cm，种仁宽0.21cm，种仁厚1.14mm。果皮杜仲橡胶含量15.2%，种仁粗脂肪含量29.4%，粗脂肪中α-亚麻酸含量60.4%。

叶形

雌花形态

开花枝

树形

结果枝组

果实形态
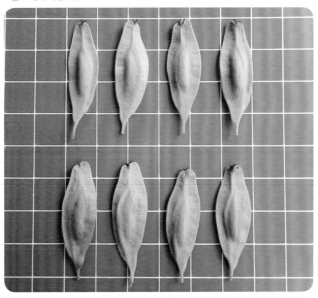

17026C

母树来源于甘肃省兰州植物园，通过嫁接方式保存于中国林科院经济林研究所原阳国家杜仲种质资源库。

树势强，树姿直立，成枝力中等，萌芽力中等，节间距 1.76cm。叶片椭圆形，叶缘锯齿，叶尖尾尖，基部偏形，叶片长 13.36cm，叶片宽 6.17cm，叶面积 47.50cm²，叶柄长 1.73cm。

雌花单生，形如花瓶，子房狭长，柱头 2 裂，1 室，胚珠 2 枚，倒生。果实椭圆形，果长 2.85cm，果宽 1.00cm，果厚 1.60mm，果实百粒重 7.00g，种仁长 1.01cm，种仁宽 0.21cm，种仁厚 1.10mm。果皮杜仲橡胶含量 15.4%，种仁粗脂肪含量 29.3%，粗脂肪中 α- 亚麻酸含量 64.2%。

叶形

雌花形态

开花枝

树形

结果枝组

果实形态

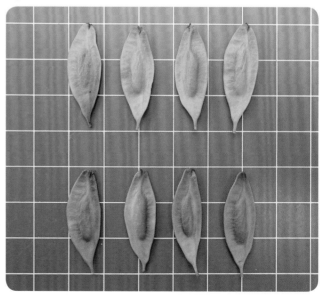

17037C

　　母树来源于北京市玉泉山，通过嫁接方式保存于中国林科院经济林研究所原阳国家杜仲种质资源库。

　　树势中庸，树姿半开张，成枝力中等，萌芽力强，节间距2.11cm。叶片椭圆形，叶缘锯齿，叶尖尾尖，基部偏形，叶片长11.33cm，叶片宽5.92cm，叶面积40.96cm²，叶柄长1.88cm。

　　雌花单生，形如花瓶，子房狭长，柱头2裂，1室，胚珠2枚，倒生。果实椭圆形，果长3.24cm，果宽0.87cm，果厚1.40mm，果实百粒重7.89g，种仁长1.10cm，种仁宽0.20cm，种仁厚1.17mm。果皮杜仲橡胶含量16.8%，种仁粗脂肪含量30.1%，粗脂肪中α-亚麻酸含量65.7%。

雌花形态

开花枝

树形

结果枝

果实形态

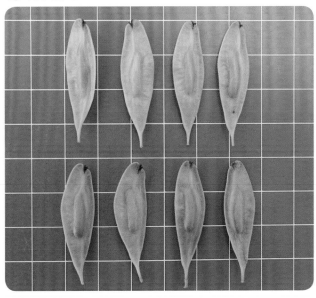

仲杂002

2015年春季，选择11096X作为父本，10504C作为母本进行杂交，当年10月收获杂交种子，2016年春季播种，2021年杂交子代开始开花。

树势强，树姿直立，成枝力弱，萌芽力中等，节间距1.60cm。叶片椭圆形，叶缘锯齿，叶尖渐尖，基部圆形，叶片长14.13cm，叶片宽6.82cm，叶面积59.56cm²，叶柄长1.40cm。

雌花单生，形如花瓶，子房狭长，柱头2裂，1室，胚珠2枚，倒生。果实椭圆形，果长2.90cm，果宽1.21cm，果厚1.50mm，果实百粒重7.36g，种仁长1.19cm，种仁宽0.25cm，种仁厚1.24mm。果皮杜仲橡胶含量15.7%，种仁粗脂肪含量27.8%，粗脂肪中α-亚麻酸含量58.7%。

🌱 叶形

🌱 雌花形态

🌱 开花枝

🌱 树形

🌱 结果枝组

🌱 果实形态

3.3 良种、新品种

'华仲2号'

果材药兼用国家储备林良种，由中国林科院经济林研究所选育，2012年通过国家林木良种审定，良种编号：国S-SV-EU-023-2012。

树势中庸，树姿半开张，成枝力中等，萌芽力中等，节间距3.08cm。叶片椭圆形，叶缘钝齿，叶尖尾尖，基部偏形，叶片长17.35cm，叶片宽8.41cm，叶面积85.83cm²，叶柄长1.62cm。

雌花单生，形如花瓶，子房狭长，柱头2裂，1室，胚珠2枚，倒生。果实椭圆形，果长2.45cm，果宽0.98cm，果厚1.95mm，果实百粒重7.92g，种仁长1.14cm，种仁宽0.25cm，种仁厚1.36mm。

> **主要经济性状**
>
> '华仲2号'杜仲速生、丰产，建园第18年树高达14.6m，胸径16.83cm，树皮厚1.26cm，每公顷产皮量30～32t。嫁接苗建园或高接换雌后2～3年结果，第5～6年进入盛果期，盛果期每公顷年产果量2.2～3.0t。适于营建药用速生丰产林和杜仲果园。

雌花形态

开花枝

树形

叶形

结果枝

果实形态

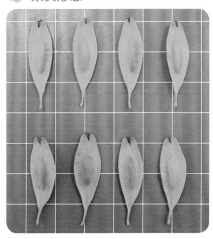

'华仲3号'

果材药兼用国家储备林良种，由中国林科院经济林研究所选育，2012年通过国家林木良种审定，良种编号：国S-SV-EU-024-2012。

树势中庸，树姿开张，成枝力中等，萌芽力中等，节间距3.26cm。叶椭圆形，叶缘锯齿，叶尖尾尖，基部偏形，叶片长16.25cm，叶片宽7.34cm，叶面积74.29cm²，叶柄长1.61cm。

雌花单生，形如花瓶，子房狭长，柱头2裂，1室，胚珠2枚，倒生。果实椭圆形，果长3.25cm，果宽1.01cm，果厚1.80mm，果实百粒重8.13g，种仁长1.30cm，种仁宽0.26cm，种仁厚1.41mm。

主要经济性状

'华仲3号'杜仲速生、丰产，建园第18年树高达14.4m，胸径18.1cm，树皮厚1.23cm，每公顷产皮量37～39t。嫁接苗建园或高接换雌后2～3年结果，第5～6年进入盛果期，盛果期每公顷年产果量2.2～2.8t。适于营建药用速生丰产林和杜仲果园。

雌花形态

开花枝

树形

叶形

结果枝

果实形态

'华仲4号'

果材药兼用国家储备林良种，由中国林科院经济林研究所选育，2012年通过国家林木良种审定，良种编号：国S-SV-EU-025-2012。

树势中庸，树姿半开张，成枝力弱，萌芽力中等，节间距2.78cm。叶椭圆形，叶缘锯齿，叶尖尾尖，基部偏形，叶片长17.02cm，叶片宽7.86cm，叶面积81.08cm²，叶柄长1.72cm。

雌花单生，形如花瓶，子房狭长，柱头2裂，1室，胚珠2枚，倒生。果实椭圆形，果长2.74cm，果宽0.94cm，果厚1.80mm，果实百粒重7.85g，种仁长1.09cm，种仁宽0.24cm，种仁厚1.28mm。

> **主要经济性状**
>
> '华仲4号'杜仲速生、丰产，建园第18年树高达15.1m，胸径18.4cm，树皮厚1.25cm，每公顷产皮量36～39t。嫁接苗建园或高接换雌后2～3年结果，第5～6年进入盛果期，盛果期每公顷年产果量2.4～3.1t。适于营建药用速生丰产林和杜仲果园。

🌱 雌花形态

🌱 开花枝

🌱 树形

🌱 叶形

🌱 结果枝组

🌱 果实形态

'华仲6号'

果用杜仲良种，由中国林科院经济林研究所选育，2011年通过国家林木良种审定，良种编号：国S-SV-EU-025-2011。

树势中庸，树姿半开张，成枝力强，萌芽力强，节间距2.06cm。叶片椭圆形，叶缘钝齿，叶尖尾尖，基部楔形，叶片长12.48cm，叶片宽6.01cm，叶面积50.07cm²，叶柄长1.87cm。

雌花单生，形如花瓶，子房狭长，柱头2裂，1室，胚珠2枚，倒生，花期比普通杜仲晚7～10天。果实椭圆形，果长3.04cm，果宽1.15cm，果厚2.24mm，果实百粒重7.87g，种仁长1.26cm，种仁宽0.29cm，种仁厚1.40mm。

主要经济性状

'华仲6号'杜仲结果早，结果稳定性好，产果量、产胶量高。果皮杜仲橡胶含量16.3%～19.1%，种仁粗脂肪含量28.0%～32.2%，其中α-亚麻酸含量58.4%～62.1%。嫁接苗建园或高接换雌后2～3年结果，第5～6年进入盛果期，盛果期每公顷年产果量3.5～4.8t。适于营建高产果园和果材药兼用国家储备林。

雌花形态

开花枝

树形

叶形

结果枝组

果实形态

'华仲7号'

果用杜仲良种，由中国林科院经济林研究所选育，2011年通过国家林木良种审定，良种编号：国S-SV-EU-026-2011。

树势中庸，树姿半开张，成枝力强，萌芽力中等，节间距2.13cm。叶片椭圆形，叶缘锯齿，叶尖尾尖，基部楔形，叶片长11.45cm，叶片宽5.77cm，叶面积43.64cm²，叶柄长2.23cm。

雌花单生，形如花瓶，子房狭长，柱头2裂，1室，胚珠2枚，倒生。果实长椭圆形，果长3.39cm，果宽1.16cm，果厚2.09mm，果实百粒重8.96g，种仁长1.30cm，种仁宽0.28cm，种仁厚1.61mm。

主要经济性状

'华仲7号'杜仲早实、高产。果皮杜仲橡胶含量15.9%～16.8%，种仁粗脂肪含量28.7%～30.6%，其中α-亚麻酸含量59.5%～61.5%。嫁接苗建园或高接换雌后2～3年结果，第5～6年进入盛果期，盛果期每公顷年产果量2.8～4.1t。适于营建高产果园和果材药兼用国家储备林。

🌿 **雌花形态**　　🌿 **开花枝**　　🌿 **树形**

🌿 **叶形**　　🌿 **结果枝组**　　🌿 **果实形态**

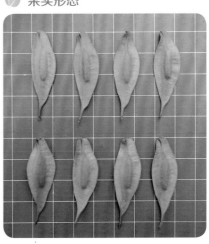

'华仲8号'

果用杜仲良种，由中国林科院经济林研究所选育，2011年通过国家林木良种审定，良种编号：国S-SV-EU-027-2011。

树势中庸，树姿半开张，成枝力强，萌芽力强，节间距1.79cm。叶片椭圆形，叶缘锯齿，叶尖尾尖，基部偏形，叶片长10.46cm，叶片宽5.27cm，叶面积35.16cm^2，叶柄长2.06cm。

雌花单生，形如花瓶，子房狭长，柱头2裂，1室，胚珠2枚，倒生。果实椭圆形，果长2.99cm，果宽1.20cm，果厚1.89mm，果实百粒重9.57g，种仁长1.33cm，种仁宽0.33cm，种仁厚1.36mm。

主要经济性状

'华仲8号'杜仲结果早，结果稳定性好，产果量、产胶量高，高产稳产。果皮杜仲橡胶含量16.6%～17.8%，种仁粗脂肪含量29.5%～33.0%，其中α-亚麻酸含量62.5%～64.7%。嫁接苗建园或高接换雌后2～3年结果，第5～6年进入盛果期，盛果期每公顷年产果量3.3～4.6t。适于营建高产果园和果材药兼用国家储备林。

🌱 雌花形态　　🌱 开花枝　　🌱 树形

🌱 叶形　　🌱 结果枝组　　🌱 果实形态

'华仲9号'

果用杜仲良种，由中国林科院经济林研究所选育，2011年通过国家林木良种审定，良种编号：国S-SV-EU-028-2011。

树势中庸，树姿半开张，成枝力中等，萌芽力中等，节间距2.04cm。叶片卵圆形，叶缘钝齿，叶尖尾尖，基部圆形，叶片长12.80cm，叶片宽5.99cm，叶面积48.62cm²，叶柄长1.72cm。

雌花单生，形如花瓶，子房狭长，柱头2裂，1室，胚珠2枚，倒生。果实椭圆形，果长2.99cm，果宽1.09cm，果厚2.08mm，果实百粒重8.35g，种仁长1.31cm，种仁宽0.29cm，种仁厚1.35mm。

> **主要经济性状**
>
> '华仲9号'杜仲早实、丰产。果皮杜仲橡胶含量15.8%～17.6%，种仁粗脂肪含量30.6%～34.1%，其中α-亚麻酸含量62.5%～63.6%。嫁接苗建园或高接换雌后2～3年结果，第5～6年进入盛果期，盛果期每公顷年产果量2.9～4.3t。适于营建高产果园和果材药兼用国家储备林。

雌花形态

开花枝

树形

叶形

结果枝组

果实形态

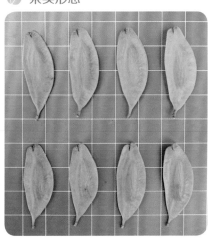

'华仲10号'

果用杜仲良种，由中国林科院经济林研究所选育，2013年通过国家林木良种审定，良种编号：国S-SV-EU-008-2013。

树势强，树姿直立，成枝力中等，萌芽力强，节间距2.19cm。叶片倒卵形，叶缘锯齿，叶尖尾尖，基部楔形，叶片长14.19cm，叶片宽7.97cm，叶面积76.28cm^2，叶柄长2.15cm。

雌花单生，形如花瓶，子房狭长，柱头2裂，1室，胚珠2枚，倒生。果实椭圆形，果长3.21cm，果宽1.06cm，果厚1.76mm，果实百粒重8.83g，种仁长1.32cm，种仁宽0.30cm，种仁厚1.24mm。

主要经济性状

'华仲10号'杜仲早实、高产、稳产。果皮杜仲橡胶含量17.0%～19.3%，种仁粗脂肪含量31.2%～35.4%，其中α-亚麻酸含量66.4%～68.1%。嫁接苗建园或高接换雌后2～3年结果，第5～6年进入盛果期，盛果期每公顷年产果量3.2～3.8t。适于营建高产果园和果材药兼用国家储备林。

雌花形态

开花枝

树形

叶形

结果枝组

果实形态

'华仲13号'

观赏型杜仲良种，由中国林科院经济林研究所选育，2019年通过国家良种审定，良种编号：国S-SV-EU-017-2019；2016年获得植物新品种权，品种权号：20160150。

树势弱，树姿直立，成枝力中等，萌芽力弱，节间距1.34cm。叶片宽椭圆形，表面粗糙，叶缘钝齿，叶尖锐尖，基部心形，叶片长14.00cm，叶片宽5.85cm，叶面积52.77cm^2，叶柄长1.07cm。

雌花单生，形如花瓶，子房狭长，柱头2裂，1室，胚珠2枚，倒生。果实椭圆形，果长3.19cm，果宽1.06cm，果厚1.62mm，果实百粒重6.54g，种仁长1.02cm，种仁宽0.25cm，种仁厚0.97mm。

主要经济性状

'华仲13号'杜仲枝条节间极短，树叶稠密，树冠呈圆头形，紧凑，分枝角度小，十分美观。适于营建叶用密植园和城市与乡村绿化。

雌花形态

开花枝

树形

叶形

嫁接苗

果实形态

'华仲14号'

果用杜仲良种，由中国林科院经济林研究所选育，2019年通过国家林木良种审定，良种编号：国S-SV-EU-026-2019；2016年获得植物新品种权，品种权号：20160151。

树势中庸，树姿半开张，成枝力中等，萌芽力中等，节间距2.29cm。叶片阔椭圆形，叶缘锯齿，叶尖尾尖，基部偏形，叶片长12.82cm，叶片宽6.79cm，叶面积54.76cm²，叶柄长1.18cm。

雌花单生，形如花瓶，子房狭长，柱头2裂，1室，胚珠2枚，倒生。果实椭圆形，果长4.01cm，果宽1.25cm，果厚2.18mm，果实百粒重10.85g，种仁长1.50cm，种仁宽0.34cm，种仁厚1.45mm。

> **主要经济性状**
>
> '华仲14号'杜仲果实大，早实、高产、稳产。果皮杜仲橡胶含量16.1%～19.1%，种仁粗脂肪含量29.0%～31.3%，其中α-亚麻酸含量61.0%～63.2%。嫁接苗建园或高接换雌后2～3年结果，第5～6年进入盛果期，盛果期每公顷年产果量2.9～3.8t。适于营建杜仲高产果园和果药兼用国家储备林。

🌱 雌花形态　　🌱 开花枝

🌱 树形

🌱 叶形　　🌱 结果枝组

🌱 果实形态

'华仲16号'

果用杜仲良种，由中国林科院经济林研究所选育，2022年通过国家林木良种审定，良种编号：国 S-SV-EU-014-2022。

树势中庸，树姿开张，成枝力强，萌芽力强，节间距2.90cm。叶片椭圆形，叶缘锯齿，叶尖尾尖，基部偏形，叶片长15.55cm，叶片宽7.62cm，叶面积76.10cm²，叶柄长1.56cm。

雌花单生，形如花瓶，子房狭长，柱头2裂，1室，胚珠2枚，倒生。果实椭圆形，果长3.25cm，果宽1.26cm，果厚1.66mm，果实百粒重9.89g，种仁长1.37cm，种仁宽0.36cm，种仁厚1.23mm。

> **主要经济性状**
>
> '华仲16号'杜仲早实、高产、稳产。果皮杜仲橡胶含量16.6%～17.8%，种仁粗脂肪含量33.4%～35.1%，其中α-亚麻酸含量58.2%～62.5%。嫁接苗建园或高接换雌后2～3年结果，第5～6年进入盛果期，盛果期每公顷年产果量2.4～3.9t。适于营建杜仲高产果园和果药兼用国家储备林。

🌱 雌花形态　　🌱 开花枝

🌱 树形

🌱 叶形　　🌱 结果枝组

🌱 果实形态

'华仲17号'

果用杜仲良种，由中国林科院经济林研究所选育，2016年通过河南省林木良种审定，良种编号：豫S-SV-EU-018-2016。

树势强，树姿半开张，成枝力中等，萌芽力强，节间距2.51cm。叶片椭圆形，叶缘钝齿，叶尖渐尖，基部偏形，叶片长11.52cm，叶片宽5.39cm，叶面积41.27cm²，叶柄长1.26cm。

雌花单生，形如花瓶，子房狭长，柱头2裂，1室，胚珠2枚，倒生。果实椭圆形，果长2.96cm，果宽1.07cm，果厚1.71mm，果实百粒重7.60g，种仁长1.31cm，种仁宽0.33cm，种仁厚1.28mm。

主要经济性状

'华仲17号'杜仲早实、高产、稳产。果皮杜仲橡胶含量16.1%～17.6%，种仁粗脂肪含量29.3%～33.2%，其中α-亚麻酸含量58.0%～63.2%。嫁接苗建园或高接换雌后2～3年结果，第5～6年进入盛果期，盛果期每公顷年产果量2.7～3.8t。适于营建杜仲高产果园和果药兼用国家储备林。

🌿 雌花形态

🌿 开花枝

🌿 树形

🌿 叶形

🌿 结果枝组

🌿 果实形态

'华仲18号'

果用杜仲良种，由中国林科院经济林研究所选育，2016年通过河南省林木良种审定，良种编号：豫S-SV-EU-019-2016。

树势强，树姿半开张，成枝力强，萌芽力强，节间距1.68cm。叶片椭圆形，叶缘钝齿，叶尖尾尖，基部圆形，叶片长12.96cm，叶片宽6.55cm，叶面积52.66cm^2，叶柄长2.02cm。

雌花单生，形如花瓶，子房狭长，柱头2裂，1室，胚珠2枚，倒生。果实椭圆形，果长2.77cm，果宽1.00cm，果厚1.89mm，果实百粒重6.74g，种仁长1.09cm，种仁宽0.27cm，种仁厚1.18mm。

主要经济性状

'华仲18号'杜仲结果早，产果量、产胶量高，高产稳产。果皮杜仲橡胶含量16.8%～18.2%，种仁粗脂肪含量26.8%～29.7%，其中α-亚麻酸含量57.3%～60.5%。嫁接苗建园或高接换雌后2～3年结果，第5～6年进入盛果期，盛果期每公顷年产果量2.6～3.9t。适于营建杜仲高产果园和果药兼用国家储备林。

雌花形态

开花枝

树形

叶形

结果枝组

果实形态

'华仲19号'

果用杜仲良种，由中国林科院经济林研究所选育，2018年通过河南省林木良种审定，良种编号：豫S-SV-EU-006-2018。2022年获得植物新品种权，品种权号：20220551。

树势中庸，树姿开张，萌芽力强，成枝力中等，节间距2.72cm。叶片卵圆形，叶缘锯齿，叶尖尾尖，基部偏形，叶片长12.80cm，叶片宽6.61cm，叶面积53.58cm²，叶柄长2.25cm。

雌花单生，形如花瓶，子房狭长，柱头2裂，1室，胚珠2枚，倒生。果实椭圆形，果长2.35cm，果宽0.93cm，果厚2.13mm，果实百粒重8.02g，种仁长1.20cm，种仁宽0.34cm，种仁厚1.92mm。

主要经济性状

'华仲19号'杜仲结果早，结果稳定性好，高产稳产。果皮杜仲橡胶含量16.4%～18.0%，种仁粗脂肪含量28.2%～32.3%，其中α-亚麻酸含量62.6%～64.3%。嫁接苗或高接换雌后2～3年开花，第4～6年进入盛果期，盛果期每公顷年产果量2.8～3.6t。适于营建杜仲高产果园和果药兼用国家储备林。

🌱 雌花形态

🌱 开花枝

🌱 树形

🌱 叶形

🌱 结果枝组

🌱 果实形态

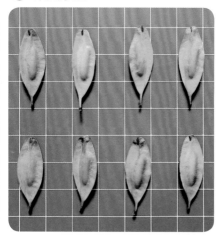

'华仲20号'

果用杜仲良种，由中国林科院经济林研究所选育，2020年通过国家林木良种审定，良种编号：国S-SV-EU-012-2020。2022年获得植物新品种权，品种权号：20220550。

树势中庸，树姿开张，成枝力弱，萌芽力强，节间距1.8cm。叶片椭圆形，叶缘锯齿，叶尖尾尖，基部圆形，叶片长13.03cm，叶片宽6.03cm，叶面积48.17cm²，叶柄长1.83cm。

雌花单生，形如花瓶，子房狭长，柱头2裂，1室，胚珠2枚，倒生，花期比普通杜仲晚7～10天。果实梭形，果长3.43cm，果宽0.93cm，果厚2.02mm，果实百粒重7.43g，种仁长1.37cm，种仁宽0.28cm，种仁厚1.52mm。

主要经济性状

'华仲20号'杜仲结果稳定性好，高产稳产。果皮杜仲橡胶含量16.2%～17.6%，种仁粗脂肪含量30.0%～35.4%，其中α-亚麻酸含量61.8%～63.8%。嫁接苗或高接换雌后2～3年开花，第4～6年进入盛果期，盛果期每公顷年产果量2.6～3.5t。适于营建杜仲高产果园和果药兼用国家储备林。

🍃 雌花形态

🍃 开花枝

🍃 树形

🍃 叶形

🍃 结果枝组

🍃 果实形态

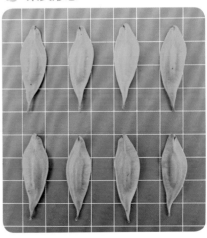

'华仲25号'

果用杜仲良种，由中国林科院经济林研究所选育，2018年通过河南省林木良种审定，良种编号：豫S-SV-EU-008-2018。

树势中庸，树姿开张，成枝力强，萌芽力强，节间距2.82cm。叶片绿色，椭圆形，叶缘锯齿，叶尖尾尖，基部圆形，叶片长14.18cm，叶片宽7.13cm，叶面积63.18cm²，叶柄长1.88cm。

雌花单生，形如花瓶，子房狭长，柱头2裂，1室，胚珠2枚，倒生。果实椭圆形，果长3.12cm，果宽1.18cm，果厚2.60mm，果实百粒重8.15g，种仁长1.35cm，种仁宽0.44cm，种仁厚2.01mm。

主要经济性状

'华仲25号'杜仲结果早，结果稳定性好，高产稳产。果皮杜仲橡胶含量17.0%～17.8%，种仁粗脂肪含量27.9%～31.6%，其中α-亚麻酸含量60.4%～62.5%。嫁接苗或高接换雌后2～3年开花，第4～6年进入盛果期，盛果期每公顷年产果量2.7～3.9t。适于营建杜仲高产果园和果药兼用国家储备林。

 雌花形态

开花枝

树形

叶形

结果枝组

果实形态

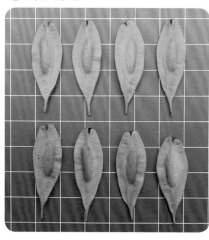

'华仲26号'

　　果用杜仲良种，由中国林科院经济林研究所选育，2018年通过河南省林木良种审定，良种编号：豫S-SV-EU-009-2018。2022年获得植物新品种权，品种权号：20220549。

　　树势强，树姿半开张，成枝力强，萌芽力强，节间距2.12cm。叶片倒卵形，叶缘锯齿，叶尖尾尖，基部楔形，叶片长12.70cm，叶片宽6.10cm，叶面积48.97cm²，叶柄长1.76cm。

　　雌花单生，形如花瓶，子房狭长，柱头2裂，1室，胚珠2枚，倒生。果实椭圆形，果长3.55cm，果宽1.35cm，果厚1.77mm，果实百粒重11.31g，种仁长1.47cm，种仁宽0.36cm，种仁厚1.41mm。

主要经济性状

　　'华仲26号'杜仲结果早，结果稳定性好，高产稳产。果皮杜仲橡胶含量16.2%～16.8%，种仁粗脂肪含量27.5%～30.3%，其中α-亚麻酸含量60.6%～63.1%。嫁接苗或高接换雌后2～3年开花，第4～6年进入盛果期，盛果期每公顷年产果量2.7～3.9t。适于营建杜仲高产果园和果药兼用国家储备林。

雌花形态
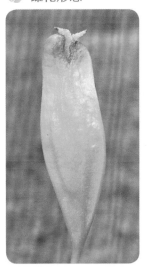

开花枝

树形

叶形

结果枝组

果实形态

'华仲29号'

果用杜仲良种，由中国林科院经济林研究所选育，2020年通过河南省林木良种审定，良种编号：豫S-SV-EU-012-2020。

树势强，树姿半开张，成枝力强，萌芽力强，节间距2.15cm。叶片椭圆形，叶缘锯齿，叶尖尾尖，基部楔形，叶片长12.21cm，叶片宽6.02cm，叶面积48.11cm²，叶柄长1.80cm。

雌花单生，形如花瓶，子房狭长，柱头2裂，1室，胚珠2枚，倒生。果实椭圆形，果长3.12cm，果宽1.10cm，果厚1.68mm，果实百粒重9.04g，种仁长1.41cm，种仁宽0.32cm，种仁厚1.31mm。

主要经济性状

'华仲29号'杜仲结果早，结果稳定性好，高产稳产。果皮杜仲橡胶含量20.5%～24.0%，种仁粗脂肪含量29.0%～31.2%，其中α-亚麻酸含量61.7%～65.3%。果实9月中旬至10月上旬成熟。嫁接苗或高接换雌后2～3年开花，第4～6年进入盛果期，盛果期每公顷年产果量2.5～3.3t。适于建立高产亚麻酸油、杜仲橡胶果园。

🌿 雌花形态

🌿 开花枝

🌿 树形

🌿 叶形

🌿 结果枝组

🌿 果实形态

'华仲30号'

果用杜仲良种，由中国林科院经济林研究所选育，2019年通过河南省林木良种审定，良种编号：豫S-SV-EU-014-2019。

树势中庸，树姿半开张，成枝力强，萌芽力强，节间距2.50cm。叶片椭圆形，叶缘锯齿，叶尖尾尖，基部圆形，叶片长14.52cm，叶片宽7.15cm，叶面积70.25cm²，叶柄长1.76cm。

雌花单生，形如花瓶，子房狭长，柱头2裂，1室，胚珠2枚，倒生。果实椭圆形，果长3.71cm，果宽1.33cm，果厚2.01mm，果实百粒重10.81g，种仁长1.36cm，种仁宽0.35cm，种仁厚1.38mm。

主要经济性状

'华仲30号'杜仲结果早，结果稳定性好，高产稳产。果皮杜仲橡胶含量18.0%～20.6%，种仁粗脂肪含量29.3%～33.5%，其中α-亚麻酸含量65.2%～67.5%。嫁接苗或高接换雌后2～3年开花，第4～6年进入盛果期，盛果期每公顷年产果量2.6～3.4t。适于营建杜仲高产果园和果药兼用国家储备林。

🌱 雌花形态　　🌱 开花枝　　🌱 树形

🌱 叶形　　🌱 结果枝组　　🌱 果实形态

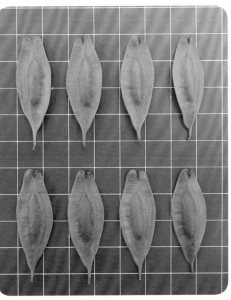

'仲林1号'

果用杜仲良种，由中国林科院经济林研究所选育，2020年通过河南省林木良种审定，良种编号：豫S-SV-EU-013-2020。2022年获得植物新品种权，品种权号：20220548。

树势强，树姿直立，成枝力强，萌芽力强，节间距2.04cm。叶片椭圆形，叶缘锯齿，叶尖尾尖，基部偏形，叶片长14.15cm，叶片宽6.01cm，叶面积50.38cm²，叶柄长1.90cm。

雌花单生，形如花瓶，子房狭长，柱头2裂，1室，胚珠2枚，倒生。果实椭圆形，果长4.00cm，果宽1.35cm，果厚2.00mm，果实百粒重10.15g，种仁长1.64cm，种仁宽0.37cm，种仁厚1.40mm。

主要经济性状

'仲林1号'杜仲结果早，结果稳定性好，高产稳产。果皮杜仲橡胶含量19.8%～22.9%，种仁粗脂肪含量27.5%～30.7%，其中α-亚麻酸含量60.4%～63.5%。嫁接苗或高接换雌后2～3年开花，第4～6年进入盛果期，盛果期每公顷年产果量2.7～3.5t。适于建立高产亚麻酸油、杜仲橡胶果园。

🌱 雌花形态

🌱 开花枝

🌱 树形

🌱 叶形

🌱 结果枝组

🌱 果实形态

'仲林2号'

果用杜仲良种，由中国林科院经济林研究所选育，2021年通过河南省林木良种审定，良种编号：豫S-SV-EU-011-2021。

树势强，树姿半开张，成枝力中等，萌芽力强，节间距2.03cm。叶片椭圆形，叶缘锯齿，叶尖尾尖，基部楔形，叶片长13.46cm，叶片宽6.82cm，叶面积53.75cm^2，叶柄长1.81cm。

雌花单生，形如花瓶，子房狭长，柱头2裂，1室，胚珠2枚，倒生。果实椭圆形，果长2.68cm，果宽1.01cm，果厚2.15mm，果实百粒重8.65g，种仁长1.30cm，种仁宽0.29cm，种仁厚1.42mm。

主要经济性状

'仲林2号'杜仲结果稳定性好，高产稳产。果皮杜仲橡胶含量20.1%～22.7%，种仁粗脂肪含量26.2%～28.1%，其中α-亚麻酸含量61.0%～63.0%。果实9月中旬至10月上旬成熟。嫁接苗或高接换雌后2～3年开花，第4～6年进入盛果期，盛果期每公顷年产果量2.6～3.2t。适于建立高产亚麻酸油、杜仲橡胶果园。

🌿 雌花形态　　🌿 开花枝　　🌿 树形

🌿 叶形　　🌿 结果枝组　　🌿 果实形态

'仲林3号'

果用杜仲良种，由中国林科院经济林研究所选育，2022年通过河南省林木良种审定，良种编号：豫S-SV-EU-013-2022。

树势强，树姿半开张，成枝力中等，萌芽力强，节间距2.21cm。叶片椭圆形，叶缘锯齿，叶尖尾尖，基部偏形，叶片长10.30cm，叶片宽5.60cm，叶面积40.51cm²，叶柄长1.40cm。

雌花单生，形如花瓶，子房狭长，柱头2裂，1室，胚珠2枚，倒生。果实椭圆形，果长3.01cm，果宽1.20cm，果厚1.16mm，果实百粒重78.6g，种仁长1.19cm，种仁宽0.30cm，种仁厚1.10mm。

主要经济性状

'仲林3号'杜仲结果稳定性好，高产稳产。果皮杜仲橡胶含量18.6%～21.7%，种仁粗脂肪含量29.5%～32.3%，其中 α-亚麻酸含量62.1%～65.6%。嫁接苗或高接换雌后2～3年开花，第4～6年进入盛果期，盛果期每公顷年产果量2.5～3.0t。适于建立高产亚麻酸油、杜仲橡胶果园。

 雌花形态

开花枝

树形

叶形

结果枝组

果实形态

'红丝绵'

　　果用和观赏兼用杜仲新品种，由中国林科院经济林研究所选育，2023年获得植物新品种权。

　　树势中庸，萌芽力中等，成枝力中等，节间距2.65cm。叶片椭圆形，叶缘锯齿，叶尖尾尖，基部偏形，叶片长12.68cm，叶片宽6.33cm，叶面积50.14cm²，叶柄长1.44cm。

　　雌花单生，形如花瓶，子房狭长，柱头2裂，1室，胚珠2枚，倒生。果实偏椭圆形，果长3.30cm，果宽1.02cm，果厚1.28mm，果实百粒重7.55g，种仁长1.39cm，种仁宽0.22cm，种仁厚1.19mm。

主要经济性状

　　'红丝绵'杜仲春季抽生嫩叶为浅红色，展叶后叶片逐步变成红色或紫红色，雌花开放呈红色，幼果呈紫红色，具有极高的观赏价值。嫁接苗或高接换雌后2～3年开花，第4～6年进入盛果期。适于营建观赏型果叶兼用林。

雌花形态

开花枝

树形

叶形

结果枝

结果枝组

果实形态

参考文献

杜红岩,胡文臻,俞锐,等,2013.中国杜仲橡胶资源与产业发展报告(2013)[M].北京：社会科学文献出版社.

杜红岩,2014.中国杜仲图志[M].北京:中国林业出版社.

高志红,2003.果梅核心种质的构建与分子标记的研究[D].北京:中国农业大学:32-65.

何仁锋,陈喆,姜梦莹,等,2015.兰属植物遗传资源核心种质构建探讨[J].杭州师范大学学报(自然科学版),14(2):202-209.

胡晋,徐海明,朱军,2001.保留特殊种质材料的核心库构建方法[J].生物数学学报,16(3):348-352.

李秀兰,贾继文,王军辉,等,2013.灰楸形态多样性分析及核心种质初步构建[J].植物遗传资源学报,14(2):243-248.

李自超,张洪亮,曹永生,等,2003.中国地方稻种资源初级核心种取样策略研究[J].作物学报,29(1):20-24.

刘娟,廖康,曹倩,等,2015.利用表型性状构建新疆野杏种质资源核心种质[J].果树学报,32(5):787-796.

刘遵春,张春雨,张艳敏,等,2010.利用数量性状构建新疆野苹果核心种质的方法[J].中国农业科学,43(2):358-370.

明军,张启翔,兰彦平,2005.梅花品种资源核心种质构建[J].北京林业大学学报,27(2):65-69.

王海岗,贾冠清,智慧,等,2016.谷子核心种质表型遗传多样性分析及综合评价[J].作物学报,42(1):19-30.

王建成,2006.构建植物遗传资源核心种质新方法的研究[D].杭州:浙江大学:16-82.

王述民,张宗文,2011.世界粮食和农业植物遗传资源保护与利用现状[J].植物遗传资源学报,12(3):325-338.

徐海明,邱英雄,胡晋,等,2004.不同遗传距离聚类和抽样方法构建作物核心种质的比较[J].作物学报,30(9):932-936.

Bhattacharjee R, Bramel J, Hash T, et al, 2002. Assessment of genetic diversity within and between pearl millet landraces[J]. Theoretical and Applied Genetics, 105(5):666-673.

Brown A H D, Frankel O H, Marshall D R, et al,1989.The use of plant genetic resources[J]. Journal of Ecology, 77(4):1175-1785.

Brown A H D, 2011. Core collections: a practical approach to genetic resources management[J]. Genome, 31(2):818-824.

Frankel O H, Brown A H D, Burdon J J, 1996. The conservation of plant biodiversity[M]. Cambridge: Cambridge University Press:99-110.

Frankel O H, Brown A H D, 1984. Current plant genetic resources a critical appraisal[M].Genetics New frontiers (vol.IV).New Delhi: Indian Oxford and IBH Publishing Go,1-13.

González martínez S C, Alía R, Gil L, 2002. Population genetic structure in a Mediterranean pine (Pinus pinaster Ait.): a comparison of allozyme markers and quantitative traits[J]. Heredity, 89(3):199-206.

Lwdvan R, Wijnker J, 2000. The development of a new approach for establishing a core collection using multivariate analyses with tulip as case[J]. Genetic Resources and Crop Evolution, 47(4):403-416.

Malosetti M, Abadie T, 2001. Sampling strategy to develop a core collection of Uruguayan maize landraces based on morphological traits[J]. Genetic Resources and Crop Evolution, 48(4):381-390.

Noirot M, Hamon S, Anthony F, 1996. The principal component scoring: a new method of constituting a core collection using quantitative data[J]. Genetic Resources and Crop Evolution, 43(1):1-6.

Rodino A P, Santalla M, Amde R, et al, 2003. A core collection of common bean from the Iberian peninsula[J]. Euphytica, 131(2):165-175.

Upadhyaya H D, Ortiz R, Bramel P J, et al, 2003. Development of a groundnut core collection using taxonomical, geographical and morphological descriptors[J]. Genetic Resources and Crop Evolution, 50(2):139-148.

Wang J C, Hu J, Xu H M, et al, 2007. A strategy on constructing core collections by least distance stepwise sampling[J]. Theoretical and Applied Genetics, 115(1):1-8.